Endangered Animals

絶滅危惧動物百科 ①

[自然環境研究センター 監訳]

総説—絶滅危惧動物とは

朝倉書店

ENDANGERED ANIMALS
by Amy-Jane Beer, Andrew Campbell, Robert and Valerie Davies, John Dawes, Jonathan Elphick, Tim Halliday, Pat Morris

Produced by Andromeda Oxford Limited
11–13 The Vineyard, Abingdon,
Oxon OX14 3PX, U.K.
www.andromeda.co.uk

Copyright © Andromeda Oxford Limited 2002

All rights reserved. No part of this publication may be reproduced, stored in a retrieval system, or transmitted in any form or by any means electronic, mechanical, photocopying, recording, or otherwise, without the permission of the copyright holder.

Principal Contributors: *Amy-Jane Beer, Andrew Campbell, Robert and Valerie Davies, John Dawes, Jonathan Elphick, Tim Halliday, Pat Morris. Further contributions by David Capper and John Woodward*

Project Director: *Graham Bateman*
Managing Editors: *Shaun Barrington, Jo Newson*
Editor: *Penelope Mathias*
Art Editor and Designer: *Steve McCurdy*
Cartographic Editor: *Tim Williams*
Editorial Assistant: *Marian Dreier*
Picture Manager: *Claire Turner*
Production: *Clive Sparling*
Indexers: *Indexing Specialists, Hove, East Sussex*

Japanese translation rights arranged with Andromeda Oxford Limited, Abingdon, Oxfordshire, England, and The Brown Reference Group Plc, London, England through Tuttle-Mori Agency, Inc., Tokyo

訳　者　序

　地球上に現在みられる野生生物の種数は，学名がついているものだけでも約150万種，未記載のものを含めると1000万種を超えるといわれますが，ある推定によれば，このままでは21世紀中にその約半数が地球上から姿を消すと考えられています（たとえばエドワード・O・ウィルソン『生命の未来』，角川書店，2003参照）．このように大規模な絶滅現象は，およそ6500万年前に恐竜をはじめとする多くの生物種が絶滅して以来のもので，その主な原因は人口の増加や人間による資源利用量の増大，それにともなって起きているさまざまな形の環境変化です．ただし，生息状況についてある程度の情報があり，絶滅のおそれの高さが評価されている生物種は，体が比較的大きくて目立つものなど，全体のごく一部にすぎません．それでも，国際自然保護連合（IUCN）による2006年版のレッドリスト（絶滅危惧種のリスト）には，約1万6000種もの動植物が掲載されています．

　本書『絶滅危惧動物百科』は，2002年にイギリスで出版された"Endangered Animals"という百科図鑑を翻訳したものです．本書は，過去に絶滅したか，現在，絶滅のおそれがある，あるいは何か保全上の問題を抱えている野生動物のうちの代表的・典型的な種を，哺乳類と鳥類を中心に，さらに他の脊椎動物，無脊椎動物も広く取り上げて，形態や分布，個体数，生態などの基本情報とともに，現在，その種がどのような状況におかれているか，絶滅のおそれを高めている原因は何か，絶滅を回避するためにどのような対策がとられているかなどについて，写真やイラストを添えて解説しています．

　このようなテーマの本に避けがたい問題として，現在の状況を詳しく正確に記述しようとすればするほど，内容がすぐに古くなるということがあります．たとえば，本書の第1巻に解説がある絶滅危惧度合いの評価基準は，IUCNによって1994年に採用されたもので，その後，2001年に一部が改定された最新版ではありません．IUCNによる絶滅危惧度合いの評価結果やワシントン条約（「絶滅のおそれのある野生動植物の種の国際取引に関する条約」，CITES）付属書への掲載状況が，本書の出版後に変わっている種もあります．

　また，日本に生息していて私たちがよく知っている動物（たとえばクビワオオコウモリ，ニホンザル，ニホンヤマネなど）についての解説をみると，事実とは異なっていたり，やや古いデータに基づくと思われる記述も散見されます．同様に，他の種についても若干の誤りが含まれている可能性があります．本書の原著者らが，入手できる資料を駆使して，正確な情報を提供すべく最大限の努力を払っているであろうことはいうまでもありませんが，本書のようにさまざまな対象を扱う場合には，どうしてもこうしたことが起こりがちです．

　さらに，野生生物をどのように保全すべきかについての意見には，書き手の個人的な価値観が色濃く反映されることにも注意しなければなりません．原著者たちは，さまざまな意見の間でできるだけバランスをとろうとしていると思われますが，たとえば野生動物利用のあり方やアフリカゾウ，ミンククジラ，タイマイに関する解説にみられるように，原著者たちがイギリス人であることから，欧米中心の考え方に沿った記述がされているところもあります．ワシントン条約や国際捕鯨取締条約に基づく決定など，当面の国際的な合意にしても，政治的・経済的な力も作用した結果であって，すべてが科学的にみて妥当である保証はないことも忘れてはいけません．

　この翻訳では，本書が出版された後の変化や不適当と思われる箇所などについても，とくに修正することはせずに，いくつかの明らかな誤りを除いて，基本的には原文どおりにしてあります．訳者みずからが最新情報を探し出し，典拠にあたり，さらに原著者と協議するのはきわめて困難ですし，中途半端な改訂は加えずに原文のままとした方が，後述するように，むしろ本書の利用価値を高めると考えたからです．

　本書は，以上のような留意点はありますが，日本にはあまり類書がないだけに，絶滅のおそれのある動物たちの現状について，世界中を見渡した幅広い知識を得たり，

どのように絶滅危惧種の保全を進めるべきかを考える上で，よい参考書であるのは間違いありません．なかでも第1巻の総説には，野生動物の保全に関わる基礎的な知識がうまくまとめられています．ただし，どのようなテーマでも，きちんと調べようとすれば，1つの本ですべてが事足りるようなことはなく，本書についてもそれがいえるのはすでに述べたとおりです．

　それから，日本が主要な生息地ではない種の解説にも，日本がしばしば登場することに気づいてほしいと思います．それは，たとえばウバザメ，クロマグロ，タイマイ，スッポンモドキなどです．事実とは違うと思われる記述もいくらかはありますが，このことは日本が，他の先進諸国と同様に，世界中の野生動物をペット，食品，装飾品，日用品などとして大量に消費することを通じて，それらの生息状況にいかに大きな影響を及ぼしているかということ，また逆に自分たちの行動が事態を改善する大きな力にもなりうることを示しています．

　読者は，本書を手がかりに，疑問に思う点についてはとくに，他の本を参照したり，最新データにあたるなどして，正確な，また詳しい情報を得る努力をしてください．本書にある記述をそのまま受け入れるのでなく，異なる情報や意見に接し，それらの違いが生じた理由について考えることは，問題をより深く理解するのに役立つでしょう．そして，絶滅危惧種を含む野生生物の保全のあり方についてみずから考え，実行に移してほしいと思います．本書がそのような作業の出発点として大いに利用されることを期待します．

2008年3月

訳者を代表して
石　井　信　夫

訳者一覧

監　訳

（財）自然環境研究センター

分類群別担当者

石井 信夫	東京女子大学文理学部	[第1巻（総説）・陸生哺乳類]
石塚　　新	（財）自然環境研究センター	[無脊椎動物・昆虫類]
今井　　仁	（財）自然環境研究センター	[魚類]
斉藤 明子	千葉県立中央博物館	[昆虫類]
富田 京一	肉食爬虫類研究所	[爬虫類・両生類]
中山 聖子	（財）自然環境研究センター	[甲殻類]
奴賀 俊光	千葉大学海洋バイオシステム研究センター	[鳥類]
箕輪 義隆	（財）日本鳥類保護連盟調査室	[鳥類]
吉岡　　基	三重大学大学院生物資源学研究科	[海生哺乳類]

訳　者

荒木 良太	奥原　　剛	中村 康弘	広瀬 珠子
石田スーザン	熊懐　　愛	名取 洋司	箕輪 友紀子
打木 研三	中島 絵里	橋本 幸彦	米田 久美子

（五十音順）

目　次

著者について	6
この図鑑セットについて	8
絶滅危惧種とは何か	**10**
保全のための組織	**12**
国際自然保護連合（IUCN）	13
ワシントン条約（CITES）	14
絶滅危険度の区分	**16**
動物の生態	**20**
バイオーム（生物群系）	20
個体群	22
群集と生態系	24
生活史戦略	26
種分化	28
特殊化	30
島の生物地理学	32
自然に起こる絶滅	36
絶滅の地理学	38
動物への脅威	**40**
生息地の消失	40
狩猟	44
生きた動物の利用	51
汚染	52
気候の変化	55
外来種	55
病気	57
遺伝学的問題	58
自然災害	58
動物界	**60**
哺乳類	**62**
鳥類	**66**
魚類	**70**
爬虫類	**74**
両生類	**78**
無脊椎動物	**82**
保全活動の実際	**86**
調査研究	86
動物園の役割	88
生息環境の保全	90
再導入	94
教育	96
文化の違い	96
用語解説	98
参考文献/ウェブサイト	101
謝辞と写真提供	102
分類群ごとの動物名リスト	103
学名・和名索引	105

著者について

エイミー・ジェーン・ビアー博士（哺乳類）
長く野生生物保全に取り組んでいる生物学者．雑誌 The Biologist への寄稿，BBC World Service Science Unit の脚本の執筆もしています．ウニの発生についての研究で博士号を取得．児童誌 Animals Animals Animals の編集者でもあります．

アンドリュー・キャンベル博士（昆虫と無脊椎動物）
ロンドン大学のクイーンメリー・カレッジで海洋生物学の上級講師をしています．エジプトのウミガメ保全3カ年計画を指導するなど，中東で広く活動．ヨーロッパ北西部や地中海の野外観察図鑑を含む60以上の本や論文を執筆．雑誌 Environment Conservation にも寄稿しています．

ロバート・デービス，バレリー・デービス（爬虫類）
爬虫類の飼育と繁殖に70年の経験があり，ヤドクガエルやカメレオンを中心に，大規模な飼育コレクションを維持しています．Reptiles and Amphibians : Questions and Answer Manual (Salamander Books, ロンドン，1997年) の共著者で，爬虫両生類学に関する雑誌に多くの記事を執筆．官公庁からの依頼で，爬虫両生類の種の識別について専門的な助言をしたり，テレビ番組制作への協力もしています．

ジョン・ドーズ博士（魚類）
魚類の専門家として，また水族館や戸外における魚の飼育技術で国際的に知られています．現在，Ornamental Fish International（40カ国にわたるメンバーからなる観賞魚業界の国際組織）の事務局長．約3500の論文を世界中で公刊し，5本の映画やテレビ番組の制作にも携わっています．近著は，有名なアジアアロワナについてはじめて英語で書かれた本で，中国語でも同時出版されました．ロンドン動物学会とリンネ協会の特別研究員．The Institute of Biology 職員．英国公認生物学者．

ジョナサン・エルフィック（鳥類）
鳥類学を専門とする自然誌作家で，ロンドン動物学会の特別研究員．監修した Atlas of Bird Migration (Random House, ニューヨーク，1995年) は賞を受けました．また The Birdwatcher's Handbook : A Guide to the Birds of Britain and Ireland (BBC Worldwide, ロンドン，2001年改訂版) の著者でもあります．世界中の保護団体からの依頼で，危機にさらされている鳥の調査を行っており，最新の調査はパナマ共和国でのものです．国際自然保護連合（IUCN）との連携組織であるバードライフ・インターナショナルの会員としても活躍しています．

ティム・ハリデー教授（両生類）
イギリス放送大学の生物学教授．Vanishing Birds (Sidgwick & Jackson, ロンドン，1978年) の著者で，Animal Behavior やアメリカの爬虫両生類学雑誌に70以上の論文を寄稿しています．IUCN 種の保存委員会の両生類個体数減少対策委員会国際ディレクター．

パット・モリス博士（哺乳類）
ロンドン大学のロイヤル・ホロウェーで動物学の上級講師を勤めており，博士の指導を受けた多くの学生が後に生物学者や保全活動家として活躍しています．ハリネズミやコウモリ，リス，ハツカネズミなど，主に小型哺乳類に関する研究を行っています．ナショナルトラスト自然保護顧問団の会長．チャンネル諸島のジャージー動物園に拠点をおく「絶滅危惧種の繁殖と保護に関する国際サマースクール」の学園長も勤めています．長年にわたりBBCの自然関連ラジオ・テレビ番組の制作にも携わっています．主として哺乳類に関する50以上の科学論文を公刊し，また，コウモリやハリネズミ，湖の自然誌に関する本も執筆しています．

短く丸い尻尾がある白黒模様のジャイアントパンダは，動物園の人気者です．飼育繁殖の試みがメディアの関心をひいています．ジャイアントパンダの存続は，その高い注目度に負うところが大きいでしょう．

この図鑑セットについて

　『絶滅危惧動物百科』は，世界中の動物に及んでいる脅威を取り上げて解説する全10巻の図鑑セットです．主な脅威の1つは生息地の消失ですが，それだけではなく，本来生息しない地域へ移入された種の影響がとくに深刻です．

　さまざまな問題に直面する動物たちの実例を，哺乳類や鳥類のほか，魚類，爬虫類，両生類，昆虫・無脊椎動物まで，主な動物分類群がすべて含まれるように選びました．生息数がきわめて多いにもかかわらず，問題に直面している動物がいます．また，すでに絶滅した動物もいます．

　第1巻『総説―絶滅危惧動物とは』は，科学者が動物を分類する方法や，動物たちが絶滅の危機に瀕している理由，保全活動家の仕事などについて解説しています．文中の相互索引には，巻数の次にページ数が記され，この図鑑セットの中の関連箇所を示しています．

　第2巻から第10巻は，それぞれの種についての解説です．登場する動物たちは，和名でアイウエオ順に，それぞれ見開き2ページで紹介されています．データパネルには基本情報と生息分布図がまとめられています（右を参照）．

　各巻の目次にアイウエオ順で並んだ動物の和名から，特定の種を探してください（各巻末尾の全巻共通索引には，学名と和名のページがあります）．知りたい動物がみつかったら，まずデータパネルから関連する種をたどることもできます．「＊」マークがついた「近縁の絶滅危惧種」は別に解説されています．また，左ページ下にある関連ページの相互索引は，第1巻，あるいは他の巻の項目を指しています．たとえば，「コキンチョウ 5：66」は，第5巻の66ページから見開きでコキンチョウの解説があることを示しています．この相互索引には，ふつう，いま読んでいる種と同じ属や科に含まれる動物が出ていますが，分布域や脅威の種類が同じ動物が記されている場合もあります．

　各巻の末尾には，用語解説，参考になる文献やウェブサイト，全巻索引があります．

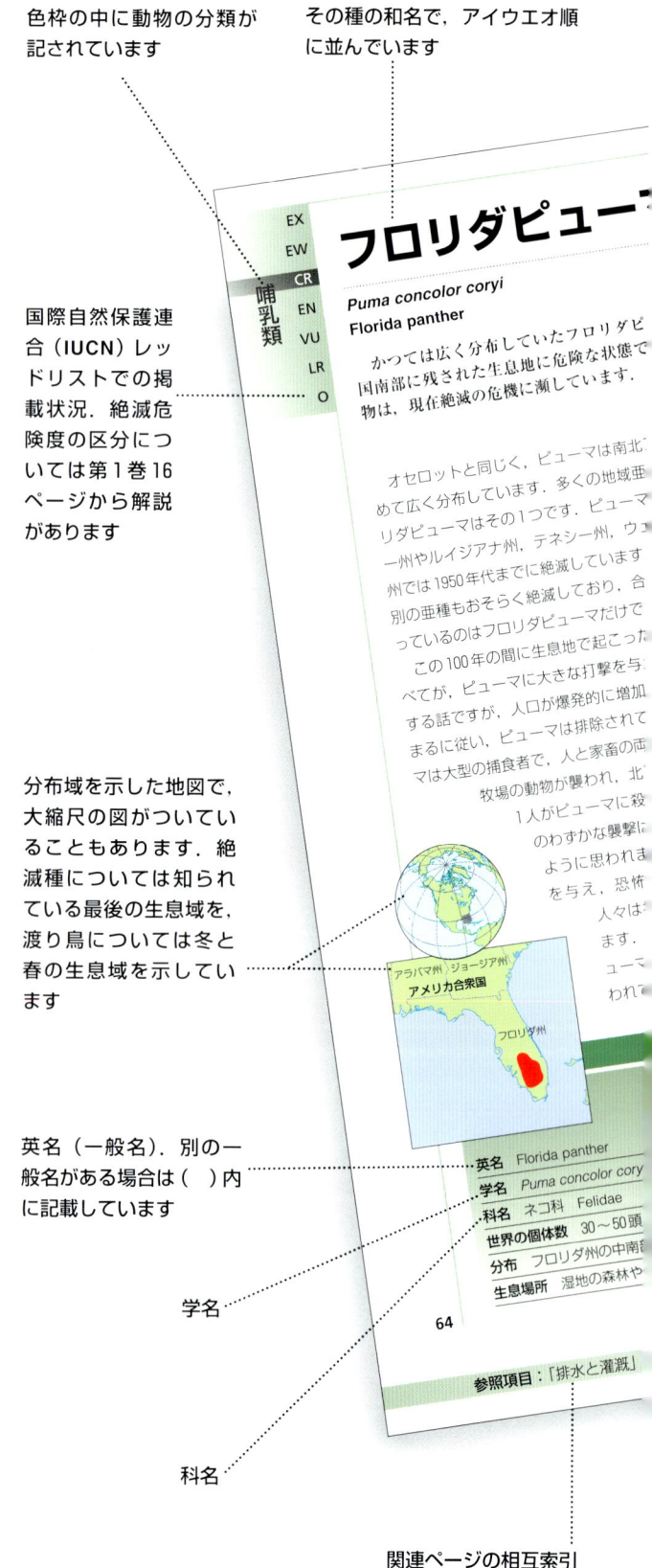

データパネルは基本情報をまとめています

数少ない生き残り個体は，合衆〔...〕います。このみごとなネコ科動〔...〕

しかしフロリダ州でのピューマ減少の主な要因は，生息地の改変です．密集した森林地帯やパルメット（低木のヤシ）林における新たな農地の開拓や新たな高速道路が息地を奪っています．残った生息地を維持するには小さすぎ通過して分断し，個体群の存続を維持するには小さすぎる面積にしてしまいます．通常，若いピューマは生まれた場所から30～80km移動して分散しますが，その際に道路上の高速交通は危険をもたらします．よりいっそうの近親道路は動物の交流や出会いを阻み，よりいっそうの近親交配が生じて遺伝的多様性が失われます．そうなると，高頻度の出生異常や流産も含め，繁殖障害のおそれが生じます．

フロリダの大部分は沼沢地によって覆われた石灰石の上にあります．近年，沼沢地の40％が農地拡大の結果失われました．町に供給し農作物のために湿地は干上下からくみ上げられています．そのために湿地は干上り，森林と低木地帯の全体が火災を起こしやすくなりました．火災は野生生物を殺すだけでなく，広範囲にわたって生き物の生存に必要な植生を除去するため被害が深刻です．ピューマの主な獲物であるシカは火災によって食べ物を奪われ，本来の植生はシカが食べることのでき

ない移入植物（たとえばサンショウモドキ）に置き換わり，シカの減少がピューマの個体群に影響を及ぼします．そのうえピューマは長い食物連鎖の終点に位置し，そのため獲物に蓄積された有毒物質の影響を受けやすいのです．フロリダにおける家庭ゴミと産業廃棄物の焼却は汚染物質を排出し，食物連鎖のあらゆる段階で取り込まれます．

生存の可能性

1973年から法的に保護されたフロリダピューマは，現在エバーグレーズ国立公園およびビッグサイプレス国立野生保護区の中とその周辺にしか生息していません．野生保護区の中とその周辺にしか生息していません．1995年には新たな遺伝子の供給のためにテキサス亜種のメス8頭が導入され，また1980年からは繁殖が継続して行えるように精子バンクがはじめられています．現在，交通事故を減少させるために主要な道路は塀で囲まれ，安全に移動できるように生息地の「回廊」がつくられています．それでもなおフロリダにおけるピューマ〔...〕の見通しは暗いのです．

フロリダピューマの個体群は，今日では50頭以下となっていますが，フロリダ州で供給可能な自然の食物資源量から，かつては1300頭が維持されていたと考えられます．

データパネル

大きさ 頭胴長：100～130cm，尾長：72～80cm，肩高：62～75cm，体重：30～57kg

形態 黄褐色またはこげ茶色で，肩のまわりに白斑のある大型ネコ．末端が曲がった黒い房のある長い尾をもつ．顔の側面と耳の後ろが黒い

食物 シカ，また野ウサギやげっ歯類，アルマジロ，ときには家畜

繁殖 ほぼ1年中，3カ月の妊娠期間の後に1～6（ふつうは3）頭を出産．性成熟は2～3歳．寿命は約20年

近縁の絶滅危惧種 東部のピューマ (*Puma concolor cougar*)：絶滅寸前 (CR)

現状 IUCN絶滅寸前 (CR)，CITES付属書I

〔...〕系交配と異種交雑」1：58，ジャガー 6：54，テキサスオセロット 7：54

メートル法で数値が記されています

IUCNのレッドリストとワシントン条約（CITES）の付属書での掲載状況．区分については第1巻16～19ページの解説を参照してください

写真やイラストの説明文では，その種の歴史や特徴に関する補足情報を紹介しています

近縁の絶滅危惧種や亜種で，IUCNの絶滅危険度区分名がついています．「＊」はその種が別項で紹介されていることを示しています

本文では，その動物の特徴，絶滅の危機にある理由や保全活動について解説しています

絶滅危惧種とは何か

　もともと個体数の少ない動物もありますが，最近になって数が激減し，いまは希少となってしまった動物たちはもっとたくさんいます．絶滅危惧種とは，生息数の急速な減少が続き，近い将来に絶滅するかもしれない動物たちのことです．これまでに絶滅した種がたどった経過が繰り返されているのをみると，さらに多くの種が存続をおびやかされる危険性があると考えられます．

　ごく少数が1つの狭い場所に生息し，その個体数が急減している動物種は，深刻な危機にあるといえます．一方，絶滅危惧種の中には，生息数は多いものの，1カ所に密集しているため，たった1つの要因で致命的な危機にさらされる可能性がある動物もいます．たとえば，数千頭のコウモリが冬眠している洞窟で採石がはじまろうとしていたり，捕食者のいない島に営巣する多数の海鳥が，難破船からたまたま上陸したネズミにおそわれるといった場合です．

　また，広く散らばってくらしているため，生息密度が低くなり，互いに出会って繁殖することができなくなっている種もいます．こうした種は，小さな集団に分かれ，それが次々と消えていく状態になることがよくあります．チーター（**7**：32）がそのよい例です．一方，数が多いにもかかわらず，生態が特殊なために危機に瀕する動物もいます．たとえば，カタツムリトビは大きな巻貝しか食べないので，湿地帯の排水などによってこの特殊な食べ物が手に入らなくなると，そこに生息するトビはいっせいに危機に直面します．また，爬虫類は温度条件に左右されるため，多くが危機におちいるかもしれません．他の種にはなんら問題とならなくても，気候変化，あるいは草木が成長して日差しをさえぎるだけでも，爬虫類にとっては深刻な脅威となるのです．

　アホウドリ，ゾウ，サメなど，希少動物には繁殖のスピードが遅いものがたくさんいます．捕獲や汚染，あるいは自然の原因によって数が急減すると，減った分を補うような速さで繁殖できないため，絶滅の危機に瀕することがあります．最近では，特別なコンピュータプログラムに情報を入力して，将来の生息数を予測することができます．たとえば10年あるいは50年で，生息数がどう変化するかを計算できます．個体群モデリングと呼ばれるこの技術は，将来を予測し，起こりうる事態を私たちに教えてくれます．

　動物たちが絶滅の危機に瀕している理由はさまざまです．ある動物には脅威でも，他の種には問題とならないこともあります．また，すべての動物に危害を及ぼす脅威もあります．このような問題は，この第1巻でさらに詳しく解説されています．

この図鑑セットの動物たち

　この図鑑セットは，すでに絶滅したか絶滅の危機に瀕している400種以上の動物を紹介しています．絶滅危惧動物はとても多く，すべてを取り上げることはできません．数が非常に少ないため，これまで一，二度確認されただけで，ほとんど何も知られていない動物も2,3種を紹介しています．しかし，そんな動物ばかりでは単調になりますから，この図鑑セットでは，絶滅の危機を招いたさまざまな原因を明らかにできるように動物を選びました．主要な動物分類群すべての実例を含めましたが，よりなじみのある鳥類と哺乳類を重点的に取り上げました．

　この図鑑セットは，世界のほぼ全域をカバーしています．しかし，ミサゴやオオカミ（**3**：28）などのように，国によって希少だったりふつうにいたりする種もあることに注意してください．また，いくつかの種では，主要な個体群は比較的安全であるものの，分布域の辺縁で数が少なくなり，そこで地域変種（亜種）が保護の対象となることもあります．テキサスオセロット（**7**：54）やフロリダピューマ（**9**：64）などがこの例です．ヨーロッパの読者にとってラッコ（**10**：68）やマツテン（**10**：14）の保護についての話はおなじみでしょうし，オーストラリアの読者はエートケンスミントプシス（**3**：10）やコアラ（**5**：52）の行く末が気になるでしょう．

　昆虫であろうが両生類であろうが，生息数が減少する原因は似ていることが多いのです．いずれにしても，絶滅のおそれのあるすべての動物は，1つの事実を共有しています．つまり，みんな消えていく途中なのです．絶

滅危惧動物についての本は読者を暗い気持ちにするかもしれません．しかし，この問題への理解は現在ではずっと深まっています．このことが野生生物のよりよい保護，そして絶滅する種の数の減少につながることを願わずにはいられません．

絶滅のおそれのある動物のすべてが，トラ（**7：78**）やジャイアントパンダ（**8：94**）のように有名なわけではありません．しかし，こうした知名度の高い種は，保護活動のシンボルとなっています．こうしたフラッグシップ種（旗艦種）を保護することで，多くの場合，同じ生息地を共有するもっと無名の動物も守ることができます．

保全のための組織

人類が自然の最大の敵であることに疑いの余地はありません．しかし私たちは，人の数や活動の急激な増加がもたらす損害に歯止めをかけることもできるのです．いつの時代にも，世界中の美しい場所やそこにすむ貴重な動物を守ろうとする人々がいました．しかし，そうした自然保護のメッセージが，日常生活や政策，産業や農業に実質的な影響力をもつようになったのは，つい最近のことです．

はじめの頃，保全活動家たちの関心は，自然保護が人々にもたらす利益にありました．自然と人間にとって大切なものであることを直感的にわかって活動し，他の人々が歴史的建造物や庭園の保存に賛成するのと同じように，自然環境と動物の保全を支持していました．生態学や環境科学に基づいた研究がはじまったのは20世紀中頃のことでした．そして，人類が自然に及ぼす影響の本当の大きさが明らかになるには長い時間を要しました．今日，野生生物の保全はずっと進んだ科学的理解に基づいています．しかし，人間による開発に直面して，状況はさらに複雑で切迫したものとなっています．

20世紀の中頃までに，動物たちの絶滅は差しせまった危機となりました．ぎりぎりまで救おうと努力したにもかかわらず，リョコウバト，クアッガ（**4**：80），フクロオオカミ（タスマニアオオカミ）（**9**：44）といった動物たちがこの世から姿を消しました．危機に瀕している動物が次々とみつかり，動物保護に焦点をあてた団体が設立されました．はじめの頃，こうした組織にできたのは直接殺すことに反対するキャンペーンくらいしかありませんでしたが，後には，一種の保護救急隊となり，種の保存のため，深刻な危機にある動物を助けにかけつけるようになりました．時がたつにつれ，より幅広い環境問題に対して，関心が集まるようになりました．調査が重ねられるたびにいつも，種の保存は生息環境の消失という問題を扱うことに帰着しました．地球は狭く，すべての生き物に居場所を提供することがきわめて困難であるとわかったのです．

保全というのは，動植物，あるいは生態系全体を守るというだけのことではありません．保全問題は幅が広く，

保全組織は，アメリカ合衆国最初の国立公園であるイエローストーン国立公園（右）を管理する政府機関から，危機に瀕している鳥を保護する地域主導の団体まで多岐にわたります．この人（上）は，ペルーの自分の村近くで発見されたオウギワシの巣を調べるために木にのぼっているところです．

私たちの生活のほぼあらゆる面に関係します．多くの場合，ある対策が成功するかどうかは，生物学者や生態学者，経済学者，外交官，法律家，社会科学者や実業家といった人々の専門知識にかかっています．保全活動では，何よりも協力とチームワークが大切です．保全活動の中には，野生生物を守ることで人々が恩恵を受けられるよう手助けをするものもあります．保全組織には，数十人ほどの熱心な活動家からなる地域団体から，複数の国が関わる大事業まで，さまざまなものがあります．

保全のための組織

国際自然保護連合（IUCN）

　異なる国々で多くの保全活動が行われている中で，全世界を視野に入れ，各地の活動を連携させる手段をもつことが重要です．これが，国際自然保護連合（IUCN）の役割です．IUCNは，1948年に国際自然保存連合として創設され，1956年に現在の名称となりました．シエラ・クラブやファウナ・アンド・フロラ・インターナショナル，王立鳥類保護協会（14～15ページ参照）に比べて歴史は浅いものの，IUCNは，設立メンバーに各国の政府や官庁，NGO（非政府組織）が含まれていたことが注目すべきところです．第2次世界大戦によるすさまじい破壊の後，IUCNは，過去のおそろしいできごとと決別し，世界が1つとなって未来を守るために創設されました．

　IUCNの使命は，自然とその仕組みの多様性を保全するため，世界中の団体を指導，支援，助成し，公正で生態学的に持続可能な自然資源の利用を確かなものにすることです．スイスに拠点をおき，1000人を超える常勤職員と，181カ国，1万人のボランティア専門家を抱えています．国際自然保護連合には6つの委員会があり，それぞれが保護地域，政策立案，生態系管理，教育活動，環境法令，種の保存を取り扱っています．種の保存委員会（SSC）には，植物と動物の専門家ばかり7000名近いメンバーがいて，さらに，ネコ，フラミンゴ，シカ，カモからコウモリ，ワニまで，さまざまな動物の保護に関わる専門家グループに分かれています．アフリカゾウ（**7**：12）やホッキョクグマ（**5**：24）のようにとくに研究の進んでいる動物については，個別に専門家グループがつくられています．

　種の保存委員会のもっともよく知られた役割は，たぶんレッドデータブックの作成でしょう．1966年にはじめて発行されたこの本は，それぞれの種に関する詳しい情報の削除や更新が簡単にできるようにつくられていました．

　レッドリストにはこれまで1万8000種類の動物に関する情報が掲載され，そのうち1万1000種類以上が絶滅の脅威にさらされています．これだけの量の情報収集には手間がかかりますが，レッドリストは保全活動のための非常に貴重な情報源となっています．レッドリストは継続的に更新されていて，現在ではCD-ROMとインターネットで入手することができます．この図鑑セットで使われる絶滅危険度区分はこのレッドリストに基づいています．

絶滅危惧種についてのIUCNレッドリストは，現在CD-ROMとして発行され，インターネットから定期的に更新される情報を入手することができます．

ワシントン条約（CITES）

CITESとは「絶滅のおそれのある野生動植物の種の国際取引に関する条約」の英名の頭文字をとった略称です．1973年に合衆国のワシントンDCで開かれた国際会議を経て調印されたことから，「ワシントン条約」とも呼ばれています．現在，152カ国が加盟し，CITESの規制を実行しています．非加盟国には，イラク，北朝鮮，アルバニアなど，いまのところ他の国々と貿易をほとんど行っていない国が含まれます．動物やその体の一部の商取引は，世界的にもっとも希少な種のいくつかについて，個体数減少の大きな要因となっています．IUCNの絶滅危険度区分は希少種の状況に注意をうながしますが，法的な保護はできません．それは各国の法令によって行われます．

条約は国際法として機能します．CITESの付属書と呼ばれるリストが国際的な合意のもとに2，3年ごとに見直されます．この付属書は国際取引によっておびやかされている種のリストです．付属書Ⅰに掲載されている動物は商取引が禁止されています．掲載種の標本は，生死にかかわらず，皮や羽毛であっても，国境の税関で押収されます．付属書Ⅱに載っている種は，国際取引をすることができますが，厳しい制限があります．野生生物の取引は農村経済において貴重な収入源になっていることが多く，「動物と人間のどちらが大切なのか」といった難しい問題が持ち上がっています．それでも，CITESの規制を無視する取引業者は，重い罰金や懲役刑を覚悟しなければなりません．IUCNの絶滅危険度のもっとも高い区分に入っている種であっても，多くのコウモリやカエルのように商品価値のないいくつかの種は，CITESの保護を受けていません．商取引が真の脅威ではないためです．

南極に現れたグリーンピースの船．保護に関係のある地域を航行して，環境問題に対する世界中のメディアの関心をひきつけています．

野生生物保護組織

バードライフ・インターナショナル

バードライフ・インターナショナルは60の組織の共同体で，そのうちの多くはネイチャー・ケニア，マレーシア自然協会，カナダ自然連盟といった非政府組織です．また，イギリス王立鳥類保護協会，バード・オーストラリア，日本野鳥の会といった，鳥類保護を扱う大きな団体も含まれています．小さな組織も，バードライフ・インターナショナルの中で他の組織と一緒に活動することで，地元のみならず全世界にはたらきかけることが可能となります．バードライフ・インターナショナルはIUCNのメンバーです．

コンサベーション・インターナショナル（CI）

1987年の設立以来，IUCNと緊密に連携しながら多国籍・多面的な活動を行っています．世界的にみて危機的状況にある生物多様性ホットスポットの保全をとくに援助しています．

ダレル野生生物保護財団（DWCT）

IUCNのメンバーです．イギリス人のナチュラリストで作家のジェラルド・ダレルによって1963年に設立されました．この財団は，チャンネル諸島のジャージー島にある世界的に有名なダレルの動物園を拠点としています．この動物園は，世界ではじめて絶滅危惧種の保護だけを目的につくられました．この動物園の繁殖プログラムは，世界的にみてもっとも絶滅危険度の高い動物たちの個体数維持に寄与しています．財団は多くの国々の保全活動家を訓練し，さらに動物たちが戻れる生息域を確保するために活動しています．ジャージー動物園とDWCTは，モーリシャスバト（**8**：72），モーリシャスチョウゲンボウ（**7**：38），ホオアカトキ，イロマジリボウシインコ，ラウンドスベトカゲやその他の爬虫類など数多くの種を絶滅から守る手助けをしています．

ファウナ・アンド・フロラ・インターナショナル（FFI）

1903年に設立されたこの組織は，たびたび名称を変更してきました．大型哺乳類を保護する協会としてはじまりましたが，その後，活動範囲を広げてきました．現在はアラビアオリックス（**3**：62）を絶滅から救う事業に関わっています．

野生鳥獣保護のためのオーデュボン協会国内連合

ジョン・ジェームズ・オーデュボンはアメリカのナチュラリスト，野生生物画家です．1851年に他界する35年前に，オーデュボンの名を冠する協会が創設されました．最初のオーデュボン協会は，食肉や羽毛，スポーツ狩猟を目的とした鳥の大量殺りくに抗議するため，ジョージ・バード・グリンネルによって設立されました．20世紀に入る頃までには，15の州にオーデュボン

野生生物保護組織

協会があり，1905年に全体を統括するための国内連合が設立されました．オーデュボン協会は，科学的調査や教育プログラムへの資金提供，一般誌や学術誌の発行，野生生物保護区の管理，保全問題についての州や連邦政府に対する助言を行っています．

圧力団体

1969年にイギリスで設立された地球の友，1971年にカナダのブリティッシュコロンビア州で創設されたグリーンピースは，はじめて国際的に知られるようになった環境関連の圧力団体です．グリーンピースは，主要な環境問題に関心をひきつけるため，危険をともなうこともある「直接的，非暴力の活動」で有名になりました．たとえば，活動家が捕鯨砲と獲物の間にボートを走らせるといったことをします．こうした団体は，政府や企業に意見をいい，環境を保全するようはたらきかけ，動かない政府や企業に対しては，その名前をあげて非難し，キャンペーン活動を行います．

王立鳥類保護協会（RSPB）

ファッション業界に羽毛を供給するのに鳥を大量殺りくすることに対して抗議運動を行うために，1890年代に設立されました．現在はより幅広い役割を担い，イギリスでもっとも歴史のある野生生物保護団体となり，100万人以上の会員がいます．国際的に活動し，とくにイギリスに渡ってくる鳥類の保護を行っています．

シエラ・クラブ

シエラ・クラブは1892年にジョン・ミュアーによって創設され，現在も影響力を増し続けています．ミュアーはスコットランド生まれですが，アメリカで原生自然を守る運動を行いました．そのため，とくにアメリカでは自然保護運動の創始者と考えられています．ヨセミテ，セコイア，マウント・レーニアなどの国立公園が設立されたのもミュアーの努力によるものです．現在も，シエラ・クラブは，野生生物と人間双方の利益のために原生地域の保全に取り組んでいます．

世界自然保護基金（WWF）

世界自然保護基金は，前身である世界野生生物基金として1961年に創設され，IUCN，既存のいくつかの自然保護団体，何人かの成功した実業家の共同事業としてはじまりました．他の多くの団体と異なり，WWFは最初から大規模で，十分な資金力と高い地位をもっていました．おなじみのジャイアントパンダのロゴマークは，いち早く国際的に知られたという点で，赤十字やメルセデス・ベンツ，コカ・コーラと肩を並べています．

絶滅危険度の区分

この図鑑セットではIUCNとCITESの2種類の区分が使われています．それぞれの種のデータパネルにあるIUCN区分は，IUCNレッドリストに基づいています．これらの区分は，その種の野生下での状況に関する有用な指標となっていて，各国政府が保全の優先度を評価したり政策を立案する際に使われています．ただし，法的な保護に自動的に結びつくものではありません．

それぞれの動物は科学的調査が行われた後，適切な区分に入れられます．つねに新たな種が加えられ，また状況の変化によって別の区分に移される種もあります．

絶滅（EX）

常識的にみて疑いなく最後の個体が死亡した場合，その動物はEXと分類されます．

野生絶滅（EW）

飼育下のみで，あるいは過去の分布域からかなり離れたところに人為的に導入されたものだけで存続している動物です．かつての分布域を徹底的に調査しても，つねに1頭の生存も記録されない場合，EWに分類されます．このような調査は，可能性のあるすべての生息地で，動物がいるはずの季節や時間に行われることが重要です．

絶滅寸前／絶滅危惧ⅠA類（CR）

CRには，近い将来に野生下で絶滅する危険性がきわめて高い動物が含まれ，次のようなものが入ります．

- 個体数が50未満の種．個体数が安定している場合も含む．
- 個体群が縮小しつつあり，強度に分断されているか，または脅威にさらされやすい単一の集団で生息している，個体数が250未満の種．
- 以上の場合より個体数は多いが，10年間あるいは3世代どちらか長い方の期間で，80%の減少が観察，あるいは予想される種．
- 分布域がきわめて狭い（100 km^{2}未満の）種．

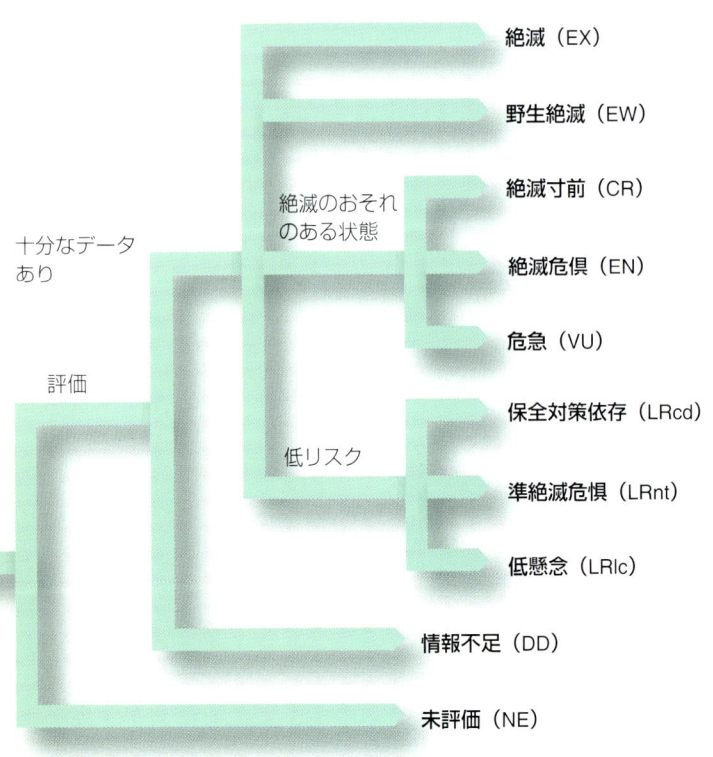

IUCNの絶滅危険度区分
この方式は現在見直されており，「低リスク」の区分から「保全対策依存」をなくして「準絶滅危惧」と「低懸念」の2つの等級にし，「絶滅のおそれのある状態」を拡大して両者を含めることが予定されています．

絶滅危険度の区分

絶滅危惧 / 絶滅危惧ⅠB類（EN）

ⅠA類ほどではありませんが，近い将来に野生下で絶滅する危険性の高い動物がENに分類され，次のようなものを含みます．

- 個体数が250未満の種．個体数が安定している場合も含む．
- 個体群が縮小しつつあり，強度に分断されているか，または脅威にさらされやすい単一の集団で生息している，個体数が2500未満の種．
- 10年間あるいは3世代どちらか長い方の期間で，50%の減少が観察，あるいは予想される種．
- 分布域が5000 km² 未満で，分布域，個体群が縮小，分断，あるいは数が大きく変動している種．
- 20年間あるいは5世代どちらか長い方の期間で，絶滅の可能性が20%以上の種．

危急 / 絶滅危惧Ⅱ類（VU）

CRやENほどではありませんが，中期的にみて野生下で絶滅する危険性の高い動物がVUに分類され，次のようなものを含みます．

- 成熟個体数が1000未満の種．個体数が安定している場合も含む．
- 個体群が減小しつつあり，強度に分断されているか，または脅威にさらされやすい単一の集団で生息している，個体数が1万未満の種．
- 10年間あるいは3世代どちらか長い方の期間で，20%の減少が観察，推定，あるいは予想される種．
- 分布域が2万 km² 未満で，分布域，個体群が減少，分断，あるいは数が大きく変動している種．
- 今後100年間における絶滅の可能性が10%以上の種．

アメリカバイソン（8：44）は，過度の狩猟により絶滅寸前に追いやられ，1875年頃までに個体数はわずか800に減少しましたが（下図参照），徹底的な保護策により絶滅が食いとめられました．左の写真のアメリカバイソンには，動きを追跡できるよう，無線発信機つきの首輪がつけられています．

低リスク（LR）

個体群の評価が行われ，CR，EN，VUの基準に合致しない場合，LRに分類されます．LRの種はさらに3つに分けられます．

- **保全対策依存（LRcd）**

その動物，あるいはその生息地を対象とした保全対策が継続的に実施されており，その対策の中止によって5年以内にその種が「絶滅のおそれのある」区分に入る場合．

- **準絶滅危惧（LRnt）**

個体数維持のための保全対策は行われていないが，「危急（絶滅危惧Ⅱ類）」に近いと判断される動物．

- **低懸念（LRlc）**

「保全対策依存」でも「準絶滅危惧」でもない種．

情報不足（DD）

絶滅の危険度を評価できる情報が十分にない場合，その種や個体群はDDに分類されます．動物自体やその生物学的性質がよく知られていても，個体数や分布に関する情報が不足していることがあります．DDは，「絶滅のおそれのある状態」でも「低リスク」でもなく，もっと情報が必要ということだけを意味しています．ただし，単一の小地域だけに生息している種や，最後に生存が記録されてから長期間が経過している種は，予防的に「絶滅のおそれのある状態」に分類することもあります．

未評価（NE）

まだIUCN基準で評価されていない動物がNEに分類されます．この区分には，公式に発見されていない何百万もの種も含まれます．

この図鑑セットでは，低リスクの「低懸念」「情報不足」「未評価」を，「その他」としてまとめ，「O」と略記しています．

ワシントン条約（CITES）により，象牙の取引は厳しく規制されています．ケニア政府は，二度と売ることができないように在庫の象牙を燃やしました．

生物学者たちは，アメリカのこのロージーボアのような絶滅危惧動物の個体数モニタリング（監視調査）を行い，IUCNレッドリストの更新を手伝っています．

ワシントン条約（CITES）は，国際取引がもたらす危険度に従い，右の表のような主要動物分類群を3つの付属書に分類しています．

	付属書Ⅰ	付属書Ⅱ	付属書Ⅲ
哺乳類	219種 21亜種 14個体群	364種 54亜種 14個体群	56種 11亜種
鳥類	145種 13亜種 2個体群	1263種 32亜種 1個体群	149種
爬虫類	62種 4亜種 5個体群	383種 10亜種 3個体群	19種
両生類	13種 1亜種	68種	
魚類	8種	28種	
無脊椎動物	64種 5亜種	68種 1亜種	

「絶滅のおそれのある野生動植物の種の国際取引に関する条約」（CITES）の付属書

付属書Ⅰには，取引される種で絶滅の危険度がもっとも高いものが掲載されています．絶滅寸前，あるいは商取引が続けば絶滅の危機に瀕する種です．これらの種は，ふつう原産国で保護されており，輸出入には特別な許可が必要です．許可の対象は取引全体に及び，輸出者・輸入者の双方が，その動物を2国間で移動させるにあたり，はっきりした科学的正当性を示さなくてはなりません．これには，繁殖を目的とした動物園間の移動も含まれます．取引される動物が合法的に捕獲され，捕獲による悪影響が個体群に及ばないことが証明される場合にのみ，許可がおります．

付属書Ⅱには，現在のところ絶滅の危機に瀕していなくても，商取引が入念に調整されなければそうなる可能性のある種が掲載されています．なかには生息数が多く安定している動物も含まれていますが，これは，その種であると偽って，よく似た絶滅危惧種が売買されるのを防ぐためです．付属書Ⅱの種の輸出には輸出国の許可が必要で，捕獲が個体群に悪影響を及ぼさないことが許可の条件です．

付属書Ⅲの種は，少なくとも1カ国で危機に瀕しているか保護されているものです．他の国々はそれらの動物や製品を取引できますが，問題のない個体群に由来することの証明が求められます．

CITESによる指定状況はすべての国々で共通とは限りません．規制されている種の取引について特別許可を申請できる場合もあります．たとえば，ある国では希少でも，別の国では個体数が安定している動物もあるでしょう．アフリカには，何年も保管してあったり合法的な間引きから生じた大量の象牙の輸出許可を定期的に申請している国々があり，論議を呼んでいます．こうした取引が，輸出が許されている国々からと偽って，違法な象牙を処分する機会を提供する可能性があるためです．アフリカゾウ（7：12）は，それぞれの国の個体数によって，CITESの付属書のⅠかⅡに分類されています．

動物の生態

　人間は政治的境界線によって世界をとらえます．しかし，植物や動物にとって，国境管理などほとんど意味がありません．自然界は，気候や生息環境の違いに基づく独自の境界線によって分けられています．わかりにくいこともありますが，自然の障壁は，厳重に警備された人間界の国境線よりも揺るぎないものです．

バイオーム（生物群系）

　世界地図をみると，地球表面には海と陸地のあることがすぐにわかります．それぞれの海と大陸には，それぞれ独自の種が生息しています．何億年も前，すべての大陸はパンゲアと呼ばれる1つの広大な陸塊の一部分でした．時の経過とともに，それぞれの大陸がしだいに離れ，それにともない1つの土地，たとえば北アメリカにいた動物たちは，別の土地，たとえばアフリカの動物たちと分かれていきました．パンゲアの分裂ははるか昔のできごとだったので，もとの動物たちはそれぞれさまざまな種類へと進化してきました．動物学者は，生息する動物を比較することで，2つの地域がいつ頃分離したのかを知ることができます．現在，それぞれの大陸には，その土地特有の動物がみられます．たとえば，ヨーロッパにはシカが，アフリカにはレイヨウ類やシマウマがいます．ハチドリやオオハシは南北アメリカにみられ，タイヨウチョウやサイチョウはアフリカとアジアにいます．同様に，ある動物のいないことが特徴になっている場合もあります．アフリカにはシカやクマがいませんし，ナマケモノは中央・南アメリカ以外には生息していません．

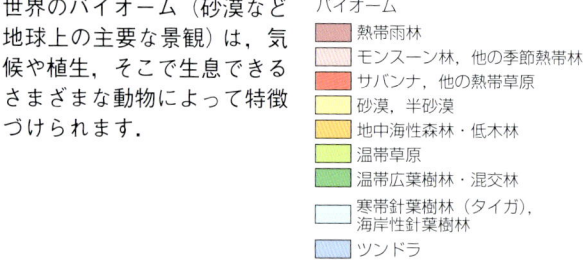

世界のバイオーム（砂漠など地球上の主要な景観）は，気候や植生，そこで生息できるさまざまな動物によって特徴づけられます．

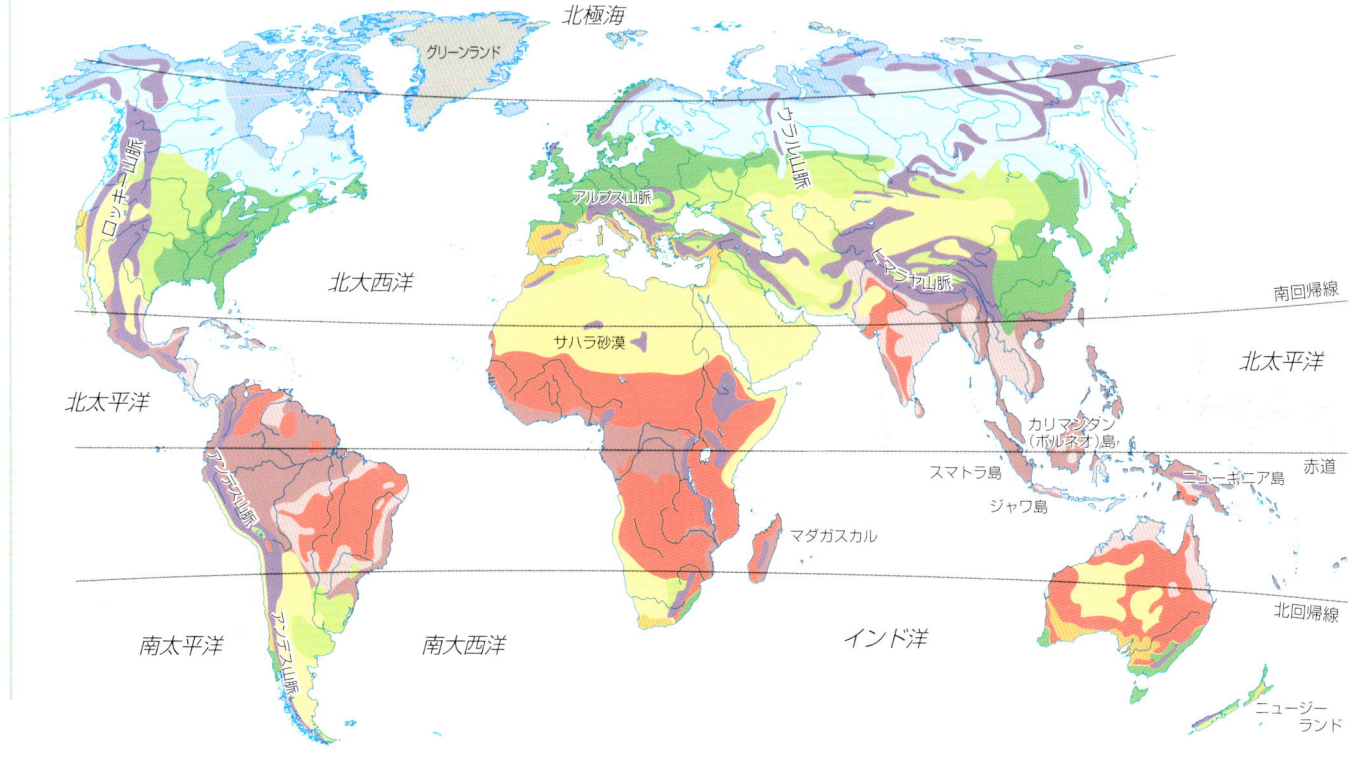

動物の生態

動物地理区
[凡例]
■ 新熱帯区
■ 新北区
■ 旧北区
■ アフリカ
■ 東洋
■ オーストラリア

動物地理区
大陸が移動するということは、1つの動物地理区にいる動物が、別の地理区のものと同じ祖先をもつかもしれないことを意味します。

動物地理区は、そこにすむ動物たちの大部分が歴史をほぼ共有している広大な地域です。たとえばアフリカの動物たちは、現在オーストラリアに生息している動物たちと互いに離れて進化してきました。両地域には似た動物がみられますが、進化系統上はまったく異なった枝に位置しています。アフリカのキンモグラはオーストラリアのフクロモグラ（9：46）とたいへんよく似ていますが、両者はこれ以上ないくらい遠縁の哺乳類です。土を掘るというモグラのような生き方をつきつめ、完全に適応した結果として両者の外見は似ています。しかし片方は有袋類で、もう一方は違うため、他のいろいろな点は異なったままです。

バイオームとは、大きな生物地理区分で、針葉樹林、草原、砂漠といったように、おおよそ似た植生がみられる区域です。アメリカの砂漠にはサボテンが多く生えています。アフリカの砂漠にみられる植物種は、アメリカのものとはもちろん違いますが、よく似た形をしています。両地域の砂漠植物は、動物の摂食から身を守るため、分厚く多肉質の茎や葉、とげをもっています。こうした独特な植生は、カリフォルニアやアルゼンチン、マリ、オーストラリアなど、互いに遠く離れたところにある砂漠バイオームを見分けるのに役立ちます。これは、草や落葉広葉樹など、他の種類の植物が優占するバイオームの場合も同じです。まわりと違う植物がみられるような孤立した小地区はどこにでもありますが、バイオームは大まかな様子を扱っています。

バイオームは植物の状況によって記述されることが多いのですが、特徴的な動物もみられます。それぞれのバイオームの動植物は気候の影響を強く受けています。もっとも複雑で種の豊富な生態系は熱帯周辺にあります。一般に、種の多様性（異なる種の数）は高緯度に向かうほど低下します。このことは保全を考える上で重要な意

味があります．熱帯には，他の地域より多くの種が生息しています．そして種の数が多い分，種を絶滅から守る上で，より多くの問題を抱えています．全般的に熱帯では，温帯に比べ，保全に使える資金が少ないという事実が，状況をさらに困難なものにしています．

いくつかのバイオームは，広範囲の緯度にみられ，気候と緯度以外の地理的特徴の影響を受けます．山の頂までのぼっていくと，海抜ゼロから高地までの間で，生えている植物が変わることに気づくでしょう．麓は森であったのが，しだいに木々が減って草原や荒れ地になり，植物は標高が上がるほどまばらで，ツンドラのようになっていきます．熱帯地方でも，アフリカのキリマンジャロのような標高の高い山地の山頂は，1年を通して雪と氷に覆われています．山岳生息地は比較的狭い孤立地区として世界中に散在していますが，標高の高い山頂の環境条件や動植物の状況は，どこも同じようにみえます．赤道から離れて緯度が上がっていくと最後は極地のバイオームになり，山頂と同じように植物や陸生動物はほとんどみられなくなります．これは，標高が上がっていくと最後は万年雪地帯になるのに似ています．つまり，標高と緯度が上がることは，よく似た影響を動植物に与えているわけです．

大洋に浮かぶ小島はよく知られたバイオームに一致するとは限りません．小地域では，土地条件が緯度や気候より重要であることがあります．たとえば，島が特殊な種類の岩でできていたり，土壌が塩質であったり砕砂やサンゴを含んでいることがあります．また，温泉や寒流，火山が生態系に大きな影響を与えている場合もあります．こうしたことは，島が地球上のどこに位置するかよりも，そこに生息する動物にとって重要な要因になることがあります．このように，島は特殊なため，個々に調べる必要があるのです．

動物地理区やバイオームは，他と無関係の閉じたシステムではありません．ある地域のできごとが，そのすぐ近く，あるいは文字どおり地球の裏側にさえ多大な影響を及ぼします．たとえば，ベネズエラにある熱帯林バイオームでの森林破壊が土壌侵食をうながし，川が運ぶ何トンもの余分な沈泥がカリブ海でサンゴ礁を破壊し，また海洋バイオームの他の部分にも被害を与えます．同じように，南極の氷が融ければ，バングラデシュの低地に洪水が起こるでしょう．

バイオームや動物地理区は，気流や海流に加え，渡り鳥やチョウ，魚といった無数の移動性生物や，風で運ばれる種子，海に浮かぶココヤシの実などによって影響を及ぼし合います．しかし，あらゆる生き物の中でもっともよく移動するのは，もちろん私たち人間です．この20，30年の間に，世界中を動きまわることがふつうになったため，隔離された場所はもはやなくなりました．そして，人の手によって数多くの動物が自然の境界を越えて新たな地域に移りすみ，もともとの動物相に深刻な影響を与えることになりました．

個 体 群

個体群とは，同じ地域に生息し，同じ種に属し交配する個体の集団のことです．個体群の大きさは，出生と移入によって新たに加入する数，死亡や地域外への移出によって消失する数によって決まります．ふつう，加入と消失はつり合っているため，個体群の大きさは年々ほぼ一定しています．

健全な生態系では，個体群が限りなく大きくなることを抑制する要因がいくつかあります．たとえば食物不足，捕食，病気などが死亡率を上げ，個体数を減らします．また，繁殖率を下げ，子供の数を減らす制限要因もあります．食べ物や，安全な繁殖場所といった資源が，増加分を支えるのに十分ある場合にのみ，個体群は大きくなります．もし子供が飢えですぐに死んだり，安全な場所がないために捕食者に食べられたりするなら，わざわざ繁殖する意味がありません．子供を育てる条件が整っていない場合，多くの動物はホルモンの作用によって出生を抑制します．繁殖をしない個体群は，集団的な飢えに苦しむ個体群よりも一見安全にみえますが，最後には個体数の減少という同じ結果をむかえることになります．

ある生物種の保全を考える上でもっともだいじなことの1つは，「最少存続個体数（MVP）」です．簡単にいうと，これは絶滅する危険をともなわない最少個体数のことです．1976年，アメリカの生息環境管理法は，最少存続個体数を，将来の100年間に90％の可能性で存続するのに十分な数と定めました．1つの個体群が存続するのに必要な頭数は，種によってさまざまです．200～300頭

動物の生態

激しい増減

熱帯の複雑な生態系では，自然災害，新たな種や病気の侵入など，自然のバランスを乱すできごとが起こらない限り，ふつう個体数は安定しています．しかし，高緯度地方では，個体数の急激な増減を繰り返す動物が多くなります．できるときに急に数を増やし，ときどき突然に壊滅し，サイクルをやり直すためのわずかな個体が生き残っているだけになります．ステップナキウサギ（6：82）はこのような生活をしています．食べ物などの資源が豊富なことはたまにしかないため，こうした荒っぽい生き方がうまくいきます．どの種も，急減時に子孫が少なくとも何頭か生き残る可能性を高めるため，よい時期にはできる限りの早さで子供を増やします．

小動物の個体数の増減サイクルは，それらを捕食する大型動物の数に影響を与えることがよくあります．たとえば，シロフクロウの個体数と育てるヒナの数は，餌となるレミング（右）の多い年か少ない年かで大きく違います．

ショウジョウトキ（左）は，局所的には多くみられます．しかし，個体群の分布がきわめて狭い範囲に限定されているため，暴風雨や病気といった局所的災害によって，危機に瀕する可能性があります．

で十分な種もあれば，数千頭が生き残っていても絶滅の危険がある種もいます．MVPは問題となっている種の生態によって異なり，他の種よりも絶滅しやすい動物があります．

MVPは，重要であると同時に理解しにくい原則です．保全においてはどんな小さなことでも役に立ち，小さな野生個体群でもまったくいないよりましなことは，すぐわかります．しかし，存続するには個体群が小さすぎる場合，おそらく私たちがどれだけ懸命に救おうとしても，その種は消えてしまうでしょう．同様に，絶滅危惧種の逃げ場としてつくられた自然保護区や国立公園も，その保護種の存続に十分な個体数を支えるのに狭すぎるなら

ばうまくいきません．個体数がMVPを下まわった場合にとることができる唯一の手段は，その動物を飼育下において，数を増やすためにさまざまな手助けをすることです．これは一か八かの手段ですが，アラビアオリックス（3：62）やカリフォルニアコンドル（4：46）のように成功することもあります．野生に戻すために飼育下の個体群を繁殖させる際にも，MVPを理解していることが重要です．どれだけ多額の資金と多大な労力を費やそうとも，野生に放す個体数が少なすぎる場合，その再導入計画はむだにおわってしまいます．

MVPの大きさに影響を及ぼす要因には，繁殖率と寿命があります．トラのように低い密度で繁殖し，存続可能

な個体群を支えるために広大な面積を必要とする動物もいれば，大きな群れで繁殖したり集団で産卵するなど，数の力で子の安全を確保している動物もいます．

群集と生態系

生態系は，動物や植物，バクテリアといった生物要素と，生息場所をつくる岩，砂，空気，水といった非生物要素，そして系全体を循環するエネルギーから成り立っています．ほとんどの生態系は太陽エネルギーの入力を必要とし，それによってエネルギーと物質を生み出し，近隣の群集や生態系に影響を及ぼします．

他と無関係に生きている動物はいません．生息場所を共有する他の植物や動物と無数の関係で結びついています．動物どうしの相互作用には，繁殖，資源競争，捕食関係，社会的相互作用，そしてときには協力関係も含まれます．

生態系から種が失われることは，スカーフの編み目がほどけることと同じです．いったん一部が欠けると，いずれ全体がほどけてしまいます．複雑な生態系は単純な生態系よりも安定しています．含まれる種が多いほど，別の種が失われた種の代わりになれる可能性が高いためです．単純な生態系では，1つの要素の消失が，他の種の消失をもたらすことがあります．

地球生態系は，生物圏と呼ばれることがあります．生物圏は，地殻の何kmも深くにいる単細胞生物から，地表であわただしく活動する生き物たちのつくる比較的薄い層，そして，大気の果てまで漂う小さな花粉や空中バクテリアまで，地球上のすべての生き物と生息場所を含みます．太陽は，この巨大できわめて複雑なシステムの根元的なエネルギー源となっています．このエネルギーを使って植物は，水と二酸化炭素を，動物の食物となる葉や芽，種子や果実に変えます．植物は，あらゆる生態系が依存する第1次生産者です．

一方，動物は当然のことながら消費者です．動物は，植物のように自分の食べ物を生産することができないため，他の生き物を食べることで自分の体にエネルギーを供給しなくてはなりません．しかし動物は，第1次生産者にはなれないものの，別の捕食動物にエネルギーを与えることはできます．ある生き物から別の生き物へのエ

リョウコウバト

アメリカリョコウバトの悲話は，MVP（最少存続個体数）と呼ばれる，絶滅危惧種の回復限界点があることを示しています．

200年前，何千万というリョコウバトの巨大な群れは，人々が手軽に得ることのできる食料を供給していました．人々は，何十年にもわたって繁殖コロニーを荒らし，毎年数百万のリョコウバトを撃ち殺しました．その結果，リョコウバトの数は目にみえて激減しました．しかし，そうした大量殺りくがなくなった後も，リョコウバトの数は回復しませんでした．以前，リョコウバトは，集団でいっせいに繁殖することで繁栄していました．一時に繁殖することで，リョコウバトは食べきれないほどの餌で捕食者を圧倒したのです．ヒナの数が膨大なため，捕食者がリョコウバトの個体数に影響を与えることはありませんでした．しかし，狩猟と生息環境破壊によって，いったん個体数がある数よりも減少した結果，リョコウバトは数で安全を保つという利点を失いました．孵化するヒナ鳥の数が減少しただけでなく，殺されて食べられてしまう割合がはるかに高くなりました．捕食の危険性が高まり，また周囲に仲間がいなくなったことによって，リョコウバトはしだいに繁殖をしなくなりました．

繁殖率の低下と捕食，人による迫害が重なり，リョコウバトは減少の一途をたどりました．野生下では1910年に絶滅し，最後のアメリカリョコウバト「マーサ」（左）は，1914年9月，シンシナティ動物園で死亡しました．

ネルギーの流れが，生態系を1つに結びつけています．

何が何を食べるかという複雑な関係は，食物連鎖とか食物網として知られています．26ページの図にあるような単純な食物連鎖は自然界では例外的です．ほとんどの植物は1種類以上の動物に食べられ，またほとんどの捕食者は数種類の生き物を食べます．確かなことは，連鎖の各段階でエネルギーが失われていることです．たとえば，ウサギを食べるキツネは，ウサギが植物を食べて得たエネルギーをすべて受け取るわけではありません．ウサギは，エネルギーを体温維持，成長，移動などに使っています．食物連鎖の頂点にいる肉食動物に食べ物を供

　給するためには，連鎖の底辺にいる数多くの動物が必要です．したがって，頂点に位置する肉食動物の数は，当然，草食動物の数よりもはるかに少なくなっています．
　カリフォルニア沿岸沖にみられるコンブ類の広大な林は，その葉状体にすむ数多くの生き物の生息地となっています．ヨーロッパオオウニ（**10**：56）はコンブを食べます．ウニの数は，それを大量に食べるラッコによって抑えられています．しかし，過度の狩猟の結果，ラッコ

ライオンは，上位捕食者としてサバンナ生態系の欠かせない構成要素です．ライオンは餌動物の数を抑え，その食べ残しは腐食動物の餌となります．

の数が減ると，ウニが爆発的に増え，大量のコンブが食べ尽くされてしまいます．コンブは，波を防ぐ重要な役目を果たしています．コンブがなくなれば，砂浜が流れ去り，沿岸の集落は荒波に叩きつぶされてしまいます．

太陽エネルギー

緑色植物

草食動物
肉食動物
頂点の肉食動物

死体，老廃物

腐食動物

死体，老廃物

分解者

生態系内のエネルギーの流れ
緑色植物は太陽光を使い糖類を生産します．植物は草食動物に食べられ，草食動物は肉食動物に食べられます．動植物の死体や老廃物は，腐食動物と分解者によって食べられます．もちろん，エネルギーは各段階で失われていきます．

現在は，ラッコの数が回復したことによりウニの数が調整され，コンブが繁っています．ラッコの保全は，沿岸を守る上で重要な役割を担っているのです．

生活史戦略

　単独で生活する動物がいます．このような生活様式により個体は分散して互いの競争を避けることができます．対照的に，数の多さで安全を確保するため，大集団で生活することを好む種もいます．ヒトを含むいくつかの種は，組織化された社会集団で生活します．防衛や子育ての役割を分担し，活動効率や生存率を高め，集団全体に利益をもたらしています．

　ほとんどの動物は若いときにもっとも死にやすいので，これを埋め合わせて少なくとも2，3頭の子孫が生き延びるよう，親は多数の子をつくるかもしれません．あるいは，わずかな数の子供を危険から守って自立するまで育てることに時間と労力を注ぐやり方も考えられます．生物学者はこうした2種類の繁殖の仕方を，それぞれr戦略，K戦略と呼んでいます．数百万の卵を海に放出する魚やウニはr戦略の動物です．この対極が類人猿やゾウ，クジラです．たった1頭の子供を育てるのに何年も費やす究極のK戦略者です．

　r戦略の動物の方が環境の変化に速やかに適応できる

北極圏のツンドラ：なぜ不安定な生態系に生きるのか？

　わずかの種からなる単純な生態系は，本質的に不安定です．それではなぜ，あえてそのような危険なところに生きる動物がいるのでしょうか．北極圏のツンドラは，そうした不安定な生態系の1つです．他の環境に比べて，ここにはごくわずかな種しか生息していません．生き物は厳しい条件に対応しなければなりません．冬は長く，暗く，非常に寒く，個体数は壊滅的に減少しがちです．しかし，北極圏の短い夏は，こうしたあらゆる苦難に報います．夏の数カ月間，北極圏は何百万という無数の小さな昆虫で活気づきます．太陽は何週間も沈まず，動物たちは24時間，餌を食べることができます．この短いけれども豊かな季節に，鳥たちは子育てのために数千kmものかなたから北極圏へやってきます．なかには文字どおり地球の裏側からやってくる鳥もいます．このように季節的な訪問者がきても，もっと暖かい土地に比べ，ここには十分な食料があります．北極圏に1年中くらす動物たちも，子供たちがいちばん必要なときに食べ物を十分手に入れられるよう，この時期に繁殖します．

ホッキョクジリスは草木が茂る夏にはとても活発ですが，冬の間はずっと冬眠して過ごします．

メスのセミクジラが，張り合っている数頭のオスに求愛されているようです．「K戦略」種であるクジラは子育てのたびに数年を費やすので，メスがすぐれた相手をみつけることは重要です（左本文参照）．

ことは明らかです．r戦略の動物は，好適な条件下では個体数を急激に増やします．そして数が多いということは，状況が悪化しても，個体群内にある自然変異のおかげで何頭かが生き残る保証につながります．ネズミやウサギはr戦略の哺乳類で，さまざまな環境を利用できるようになり，ネズミは毒に，ウサギは病気に対する抵抗力まで発達させてきました．K戦略の動物にとって難しいのは，新たな脅威に対してこうした素早い反応をすることです．世界中の希少生物のほとんどがK戦略の動物であることは，偶然の一致ではありません．彼らは繁殖のスピードが遅いため，人間活動や自然現象がもたらす急激な変化に適応したり，それによる消失を補うことができないのです．K戦略者であることが悪いわけではありません．たとえば，もしすべての捕食者が餌動物と同じスピードで繁殖すれば，この世界は機能しません．しかし，K戦略の動物が，人からの迫害，狩猟，汚染などによる急激な変化や個体数の消失による打撃を受けやすいことは確かです．ワシやトラといったK戦略の動物が絶滅しそうな勢いで減少しているのはそのためです．

種分化

　種分化とは，ある動物が別の動物へ，ときには複数の新しい種へと進化していくことです．1つの種が2つに分かれる場合はほとんどつねに，交雑が起こらないよう，もとの個体群が分離しなくてはなりません．これには，海，山脈，砂漠，海生動物の場合は陸地の広がりといった自然の境界が必要です．分かれても，はじめのうちは，その動物の日々の生態に違いは起こらないかもしれません．しかし，やがて双方の個体群はそれぞれ独自の組合わせ問題に直面することになります．問題は，場所によって少し異なることがあります．2つの個体群は何世代にもわたって別々の環境に適応し，双方にわずかな違いが現れてきます．変化が進む度合いは，個体群の大きさやそれぞれの環境に特有な問題，繁殖のスピードなどによって異なります．

　ある個体群では，ある特徴が別の個体群におけるより有利にはたらくことがあります．たとえば，ある鳥の分離集団にとって，大きなくちばしがとくに堅い種子を食べるのに都合がよいとします．より大きなくちばしをもつ個体は，ふつうのくちばしをもつものより効率よく餌を食べることができます．すると，時がたつにつれ，平均的なくちばしのサイズが大きくなっていきます．孤立した小さい個体群の方が，こうした変化は速やかに起こり，このような環境下では種分化が急速に起こります．

　2つの個体群が互いに離れていて一緒になれないうちは，両者が出会って交雑することはありません．双方の間の境界がなくなり，分布域が重なったとしても，ひとたび種分化が起こってしまえば，両者は別々の種として存在することになります．近縁種は，ニッチ（たとえば生息場所や繁殖期）が異なったり，互いを繁殖相手と認識しないため，交雑しません．同種の繁殖相手がたくさんいて代わりがみつかる場合，外見や習性が少しでも違えば，異種交雑を防ぐには十分です．正しい種に属する相手と交配することはきわめて重要なので，鳴き声や特徴的な体の模様，求愛行動が，種の識別を助けるために進化してきたのです．たとえば，外見がよく似た2種の鳥のオスは，別々の鳴き声をもっていることがあります．メスは正しい鳴き方をしないオスとは交配しません．ほとんどの場合，より的確に識別するのはメスの方です．これは，メスがオスよりも，子を産み育てることに深く関わるためです．動物たちは，別の種と繁殖することにほとんど関心を寄せません．繁殖できたとしても，時間のむだにすぎないからです．異種交雑が頻繁に起こると，繁殖がうまくできない不妊の雑種が生まれ，最悪の結果として，種全体の遺伝子が消滅してしまう可能性もあります．

　実際には，新しい種が成立する段階を正確に特定することは困難です．そこで，分類学による種の定義が用いられることになります．分類学上の種と生物学的種はほぼ同じものです．しかし，体の外見しか手がかりがない場合はとくに，生物学的種であることを証明するのが難しいことがあります．化石や死体標本，野外観察といった限られた情報から動物を識別，分類しようとする研究者は，よくこうした問題に直面します．

　動物の分類というのは，厳密な科学ではなく，たいていは定評ある専門家の意見が一致するところに落ちつきます．当然，意見が食い違うこともあり，新たな証拠がみつかれば分類が変更されることもあります．しかし，私たちがどう呼ぼうと，どう分類しようと，結局のところ動物たちにとってなんら問題ではありません．ただし，分類が世界に大きな違いをもたらすこともありえます．人間は，地球の守り手としての役割に目覚めつつあり

種とは何か？

　この問いは何世紀にもわたって生物学者を悩ませてきました．この問題には2つの見方があります．ある動物の集団が，似た環境に生息し，互いに同様の姿と習性をもっていれば，それは1つの種として分類する十分な根拠となります．そこでしかるべき動物学者が同意すれば，このような「分類学的」方法によって，その動物の集団は1つの種とみなされます．しかし，これはものの見方として主観的な傾向が強いため，研究者の多くは「生物学的種の概念」として知られるもっと正確な定義の方を好みます．1つの種と判断するもっともはっきりした定義は，「互いに交配し，繁殖力と生存能力のある子孫をつくることができる集団」です．この定義では，「繁殖力と生存能力のある子孫」という部分が重要です．近縁の種は交雑することがありますが，生まれた子供がうまく繁殖することはまれです．

動物の生態

ハワイ諸島のハワイミツスイ類は，現在進行している種分化の一例です．もとは単一の種でしたが，別々の島々に孤立した後，特殊化した習性をもつ異なる種へと進化しました．

す．そして近年，私たちは生物多様性の保存に乗り出しました．私たちの理想は，すべての動物を守ることです．しかし現実には，1つの種と認識されているものが危機にある場合に，保護の努力が行われます．ここで，私たちは1つの事実に気づきます．よく知られている種の方が，知られていない種よりも手厚い保護を受けることが多いのです．たとえば，オーストラリアのカンガルー島にすむエートケンスミントプシス（**3**：10）は，独自の種として認識されるまで，本土の近縁種であるスミントプシス以上の保護は受けていませんでした．別種であるということがなければ，この小さな有袋類はほぼ確実に絶滅していたでしょう．そして私たちは，何を失ったかに気づきもしなかったでしょう．イリオモテヤマネコ（**8**：16）にも同様の問題があります．

特殊化

自然淘汰，または適者生存として知られるチャールズ・ダーウィンの進化理論は，競争の結果として生き物がどのように多様化してきたかを説明する上で役立ちます．競争というものがほとんどそうであるように，争っている二者がまったく対等であることはありえません．それぞれが勝敗を左右する強みと弱点をもっています．特殊化によって，生き物は，特定の資源や生息場所を最大限に利用することができます．これは，特殊な摂食方法を発達させたり，他の生き物が生息できない環境で生きられるようになるといったことです．しかし，進化は過去と現在の環境に基づいて起こるため，動物たちにとっては，その時その場所における勝算を高める適応が可能なだけです．未来に起こりうる状況に対して準備することはできません．1つの状況において確実に強みとなる特徴は，別の状況においては災難のもとになりうるため，特殊化はリスクをともないます．もちろん，動物たちは特殊化するか否かを自ら決定できるわけではありません．その選択は，何世代にもわたり生活様式への適応度がもっとも低い個体を自然に淘汰していくことによってなされます．

地球上の生命の歴史の中で何度も生じた特殊化がいくつかあります．たとえば飛行は，昆虫や哺乳類，鳥を含むいくつかの別々の生き物において進化してきました．飛ぶことによって，早く効率的に長距離を移動したり，捕食者から逃げることが可能になりました．しかし，とりわけ食べ物が豊富で，哺乳類の捕食者がいない島に生息しているような鳥や昆虫には，飛ぶ必要がなくなりました．そして，飛ばないという新たな特殊化が起こりました．たとえば，ドードー（**7**：74）の祖先は，特殊化して陸上で生活するようになりました．体は大きくなり，骨格がたくましくなり，足には丈夫な筋肉がつきました．また，本能的にもっていた大型哺乳類に対する恐怖感を失いました．何千年もの間，ドードーの生活様式はうまくいっていました．しかし，モーリシャス島を発見したヨーロッパの船乗りにとって，ドードーは簡単につかまる肉づきのよい獲物でした．そして，はじめは料理鍋の中へ，その後，歴史の中へと消えてしまいました．ニュージーランドの飛べない鳥の多くは，侵入してきた人間

ガラパゴスフィンチは，ウミイグアナの皮膚にいる寄生虫を食べ物にしています．このように高度に特殊化したガラパゴスフィンチの運命は，絶滅の危機に瀕するウミイグアナの未来と切り離せません．

たちや，彼らが連れてきた捕食動物によって，ドードーと同じ運命に見舞われました．その中には，永遠に姿を消してしまったものもいます．また多くは，フクロウオウム（**3**：12）やタカヘ（ノトルニス）（**7**：20）のように，いま絶滅の危機に瀕しています．

　採食習性が特殊化した生き物は，豊富な，あるいは競争のほとんどない食物資源を利用できます．たとえば，多くの昆虫は，植物がつくる有害化学物質に対して抵抗力を身につけました．その結果，それらの昆虫だけがそうした葉を食べ物にできます．採食習性が特殊化した動物は，食べ物がふんだんにある限りうまく生活できます．しかし，食べ物が乏しくなったりみつけにくくなれば，危機に直面することになります．

　動物たちの中には，特殊化した採食習性によって生活全体が支配されているものもいます．ジャイアントパンダ（**8**：94）は，ほとんど竹だけを食べ物にしています．竹は豊富にあってみつけやすい反面，カロリーをほとんど含んでいません．したがって，ジャイアントパンダは，ただ生き延びるためにほとんど丸1日を食べることだけで過ごします．食べる以外の時間は，エネルギーを節約するためになるべく動かないようにします．十分な食べ物をみつけようとわずかな距離でも歩きまわらなければならなくなると，摂取できる以上のエネルギーを消費し尽くしてしまいます．エバーグレーズタニシトビは，餌の特殊化が苦境を招いたもう1つの例です．タニシトビは中央アメリカから南アメリカに生息し，さまざまな種類の巻貝を食べます．しかし，フロリダ州エバーグレーズに生息するタニシトビは，リンゴガイだけを食べます．

フクロミツスイは，特殊化した採食習性をもち，花蜜と花粉だけを食べます．とがった鼻と，先がブラシ状の舌は，こうした餌に対する適応で，花蜜に届くように花の奥深くを探ることができます．

最近まで，リンゴガイは豊富に生息していました．ところが，貝が生息していた湿地の大部分で水抜きが行われ，貝が激減し，タニシトビも絶滅しそうな勢いで減少しました．生息環境の保全計画によって，悲劇はかろうじて避けられましたが，タニシトビの数は現在もまだわずか200〜300羽にとどまっています．

　その他の特殊化は，個体数の増加率に影響を与えています．とりわけ類人猿のようないくつかの種は，比較的大きな脳と，複雑なコミュニケーションや道具使用の能力を進化させてきました．しかし，ここに問題があります．そのような技術を学習するにはきわめて長い時間がかかるため，類人猿の幼児期は長いものになっています．幼いチンパンジーやゴリラ，オランウータンは，何年もの間，自力では生きていけません．そのため，母親は長

ジェネラリスト

　特殊化の逆がジェネラリスト（なんでも屋）になることです．ジェネラリストは広範囲の環境条件のもとで生きていくことができ，絶滅の脅威にさらされることはまれです．極端な生息環境では，より適応し特殊化した種（スペシャリスト）に遅れをとることがありますが，特殊化した種とは異なり，ジェネラリストには他の地域に移動して生き延びるという選択肢があります．ジェネラリストは，競争相手のスペシャリストが少ない，条件の悪い生息環境でうまく生きていくことができます．スペシャリストが姿を消した場合，そこを最初に占めるのはたいていジェネラリストです．

い間，次の子供を産むことができません．

　環境が危機的状況になると，ほとんどの場合，特殊化の進んだ，繁殖の遅いスペシャリストが最初にいなくなり，より適応性のある種にとって代わられます．ジェネラリスト（なんでも屋）の個体数の増加は，生態系が壊れつつある前兆です．現在，世界中でドバトやクマネズミのようなジェネラリストが増加する一方，数多くの特殊化した生き物が減少し死に絶えていることがみてとれます．

島の生物地理学

　島は自然の実験室です．島は，他の世界の小さな模型のようなものです．種分化や特殊化，絶滅といったプロセスが他の地域よりも速く進みます．このような，島の特殊な性質を研究する分野が島の生物地理学です．

　島にすむ動物は，外の地域の個体と交配することができません．島内部の個体どうしでしか繁殖しないため，たとえば大きさや色の変化傾向が失われることなく保たれ，さらに進行していきます．世代を重ねる間に，島の動物はもとになった本土のものと大きく異なっていくことがあります．そして，その島にしかみられない新たな種が出現します．これが固有種です．

　小さな島には限られた空間しかないため，島の固有種の個体数はつねに制限されます．小さな個体群は，火事や病気といった突発的災害の影響を受けやすいものです．そうした脅威にさらされても他の地へ逃れることができず，またその島に再定着できるような同種の仲間はほかに生息していないため，種全体が絶えてしまう可能性があります．

　小さな島ほど，そこだけに適応した独特の種が生まれる傾向があります．また，島ではふつうより高い頻度で種が絶滅します．島には捕食者や本土にいる競合種がいないため，島に生息する種は他の動物とつき合うことに慣れていません．彼らは，用心深さや警戒心といったものをもっていません．また，飛行やカモフラージュ，近づきにくい木のてっぺんに巣をつくるといった生き残り策を身につけていません．恐怖心がないため，ネズミやネコ，その他の強い競争相手が島に放されると，すぐに大きな被害を受けます．こうして，島特有の多くの鳥の

5

動物の生態

小さな島（左）は小さな個体群しか支えることができず、当然、それらは絶滅の危機にさらされやすい状態にあります。遠い島々で自然に再定着が起こることはまずありません。

インド洋のモーリシャス島には、かつて、世界中の他のどこにもみられない動物たちがいました。ドードー（1）、ドームゾウガメ（2）、ハシヒロインコ（3）、ルリバト（4）、アカクイナ（5）が、捕食者のいない環境で繁栄していました。しかし、17世紀、腹をすかせた船乗りとネズミを乗せた船の到着が状況を一変させ、独特な動物たちは永遠に姿を消しました。

群島

島々の集まりは群島と呼ばれ，比較的狭い地域内できわめて多様性に富むことがあります．動物は島から島へと広がり，さまざまなニッチ（生態的地位）を満たしながら別々に進化していきます．その結果，ガラパゴス諸島のフィンチ類や地中海の多様なイワカナヘビ類のように，きわめて狭い地域内で，独自の特徴をもちながら互いに近縁な種の集団が生まれます．進化は自然変異だけでなくランダムな突然変異も関わって起こるため，類似の生息環境をもつ島々においてさえ，驚くほどさまざまな種が生まれます．世界最大の群島であるインドネシアは，地球上でもっとも多様な生き物が生息している地域です．インドネシアに次ぐのがフィリピンです．これに比べるとハワイやガラパゴスの群島は小規模ですが，実に多種多様な動物の生息地となっています．

フィリピン諸島は約7000の島々からなり，陸上にも水中にも，きわめて多数の固有種が生息していますが，その多くが存続の危機にさらされています．

種が滅びてきました．また，あまり調査が行われていないものの，多数の無脊椎動物も滅亡してきたと考えられています．

世界的にみてもっとも希少な種の多くが，小さな島々にすんでいることは偶然の一致ではありません．また，これまでに絶滅した種の多くが，島に生息していたことも偶然ではありません．心配なのは，現在，本土に生息する種の間で，これと同じ原理が前より頻繁に作用していることです．山頂や湖，孤立した森にすむ動物は，海に囲まれた島にすむ動物と同様の苦難を経験しています．地域独特な種は，発達した後，人間の進出や農業，外来捕食者の侵入，その他の脅威にさらされることになります．たとえばチーターやオオカミ，アジアゾウなど，かつては広く分布していた個体群が，次々に前より小さな集団へと分断され，それぞれ狭い生息地に孤立しています．遅かれ早かれ，これらの動物は死に絶えてしまうでしょう．個体群が存続するには，それぞれの「島」にすむ個体数が少なすぎるためです．

したがって，島の生物地理学の基本原則は，遠くの沖合にある島々と同じく，小さく孤立した生息環境にも適用されます．農地に囲まれた森の断片や，平らな低地にある山，市街地の中の自然保護区などは，そこにすむ野生生物にとって，遠隔の島々と変わりありません．島の生物地理学の原則を理解することは，保全活動家にとって参考になります．

島の大きさと孤立の仕方は，いくつの違った種がそこに生息できるかを決める2つの重要な要因です．一般的な法則としては，島や生息地の広さを10％まで縮小すれば，そこに生息する生き物の種数は半分になります．これはそれほどひどい減り方ではないように思えますが，ランダムに50％が消えるわけではありません．姿を消すものの多くは，大型動物や特殊化した種です．残っている種は，小型で広範囲に生息する，なんでも屋です．これらの種は他の種より必ずしも価値が低いわけではありませんが，とくに保護が必要とされているわけでもありません．

自然保護区には管理が不可欠です．しかし，最善の結果となるように何をすべきかを決めることは容易ではありません．草地をつくるために低木を伐採するというような，1つの種にとってはよいことが，他の種に害を与えることになります．自然状態では，生息地に変化が起これば，動物は他の地域へ移動するだけですみます．しかし，現在のように混雑した世界では，ほかに行く場所がないことが珍しくありません．自然保護区や，もっと

広い国立公園であっても，保護地域内で動物たちに代わりの生息地を提供するにはたいてい小さすぎるのです．

広大な自然保護区が数多くあることは理想です．しかし土地は高価なものであり，野生生物のために広大な地域を保護することがまったく不可能な場合もあります．小さな地域を救う機会はつねにとらえるべきです．しかし，種の多様性の保全に取り組んでいる団体が，土地を買うにあたり，限られた資金しか使えない場合を考えてみましょう．その資金は，既存の自然保護区を拡張するために使われるべきでしょうか．それとも，他の場所に新たに保護区をつくるべきでしょうか．ここで，島についての研究から学んだことが役に立ちます．こうした研究によって，できるだけ多数の種を存続させるのにもっともよい選択は，1つのきわめて大きな保護区をつくることであるとわかっています．いくつかの保護区が1つにかたまっていることが次善の策です．動物たちが1つの場所から別の場所へ移動でき，それにより孤立することの悪影響が少なくなるよう，できるところでは保護区どうしを生息環境の「回廊」でつなげるべきです．

マダガスカルは，世界的にみて大規模な生物多様性ホットスポットの1つとして生物学者に知られており，アカビタイブラウンキツネザル（上）など数百の固有種が生息しています．

人間の居住地がつくられ拡大するにつれて，それらの間にある自然環境は分断が進みます．生息環境の「島々」は，人の手の入っていない広大な土地のように安定していません．

自然に起こる絶滅

　人為による生き物の絶滅を心配する一方で，多くの種が自然に死に絶えていることを記憶しておくのも大切です．化石は，かつて地球上に生きていた動物のうち，現在もみられるものはごくわずかであることを物語っています．その他の動物たちは永久に消え去ってしまったのです．絶滅した動物の中には，保存されている遺骸からよく知られているものもありますが，何百万という種は跡形もなく姿を消してしまいました．

　種分化と同様，絶滅は自然淘汰の結果であり，必ずしも悪いことではありません．環境が変化していく中で，状況が変わったり新たにより適応した種が現れるまで，その環境に適応している種が繁栄します．優位競争やその他の予期せぬ苦難に直面すれば，種は適応するか消えるかのどちらかです．絶滅のうちの大多数は，おそらく，かなりありふれたできごとです．絶滅は悲しいものです．しかし，地球上に生命が誕生した後ずっと続いてきた，自然の作用全体の一部分なのです．

　ところで，ふつうにいた，文字どおり何千という種が短期間でいっせいに絶滅したことが，歴史上何回かありました．なかには，三葉虫やアンモナイトのように，その分類群全体が絶滅してしまったこともありました．三葉虫やアンモナイトは，きれいな化石になっているので知られています．地球の歴史上，5回の大きな絶滅がありました．4億5000万～2億年前に起こった最初の4回の絶滅を引き起こした要因については，推測するしかありません．唯一多くを知りうる大規模な絶滅は，いちばん最近の約6500万年前の恐竜を滅亡させた絶滅です（右ページ参照）．この最後の大絶滅でもっとも驚くべきことは，何かが生き残ったということかもしれません．その後の6500万年で生命はふたたび花開き，新たな多様性が生じたのです．

　恐竜の滅亡は映画や伝説の素材となっており，その大絶滅は想像を絶する恐怖を感じさせます．しかし，六度目の大絶滅が，いま，私たちに振りかかろうとしています．最近の推定によると，現在の絶滅率は通常レベルの1000倍にも及んでおり，科学者の多くが，この滅亡の高まりは典型的な大絶滅のはじまりだと指摘しています．この六度目の大絶滅には，巨大な隕石も地球規模の凍え

動物の生態

恐竜の絶滅

現在のメキシコ・ユカタン半島近辺に落下した巨大隕石によって引き起こされたと考えられている大絶滅で，恐竜やその他のたくさんの動植物が死に絶えました．最初の爆発によって海が沸騰し，火山の噴火，大津波が起こり，低地の生態系とそこにすむ生き物が消滅しました．

強大な衝撃によって，地殻が揺れ，世界中に地震が起こりました．灰と岩屑（がんせつ）が大気に放出され，数カ月間，あるいは数年間にわたって，太陽の光と熱をさえぎりました．多くの種が絶滅したこともほとんど驚くに値しません．

このような破壊の証拠は，化石の記録が突然途絶えたことや，岩石そのものから得ることができます．隕石によって強い衝撃を受けた地域の近辺の岩石は，多量のイリジウム，そして高熱と高圧のもとでしか形成されない結晶を含んでいます．

このように地学的な証拠が隕石衝突説を支持していますが，その後の100万年を生き延びた恐竜もいたことから，隕石の落下が恐竜絶滅の主な原因ではなく，気候の変化が部分的に関わっていたとも考えられています．

最後の恐竜たち
白亜紀の初期，北ヨーロッパは暑い湿地帯でした．イグアノドン（1），ヒプシロフォドン（2），ネオヴェナトル（3），飛んでいるオルニトデスムス（4）といった恐竜たちがまもなく絶滅しました．

る冬も関係ありません．災いのもとは，とどまることを知らず前進する私たち人間です．私たちは自分のために他の種を追い払い，利用し，無視し，ときには根絶さえしています．

絶滅の地理学

他に比べて絶滅危惧種や最近絶滅した種が多い地域があります．前に解説したように，島にすむ種は本土のものよりも絶滅しやすい傾向があります（「島の生物地理学」，32ページを参照）．この500年で多くの動物が絶滅したことで知られる20カ国のうち，15カ国が島国です．ハワイだけで，このことによってアメリカが1番になるほど数多くの動物が絶滅しています．

自然に生じる絶滅を考慮しても，この1万年における種の絶滅のほとんどが，人間の分布拡大に関連している可能性があります．たとえば，ニュージーランドでは，ポリネシア人がやってきたすぐ後に，ダチョウに似たジャイアントモア（体重約226kg）の数が減少しました．

国々の面積の大小はさまざまで，しかも動物は地球上に均等に分布しているわけではありません．したがって，どの場所にも同じ数の絶滅危惧動物がいると考えるわけにはいきません．たとえば，インドネシアには絶滅のお

絶滅比率の測定

私たちになじみ深い動物の絶滅が注目される一方で，他の動物たちも知られることなく絶滅しています．しかし，目立つ種の絶滅を手がかりにして，他の動物を含む全体的な絶滅率を解き明かすことができます．1種の哺乳類が絶滅すれば，それにともない平均して2種の鳥類，5種の魚類，70種の植物，180種の虫，その他約140種の動物，さらに私たちがいまだ知らない2000種にものぼる生き物が絶滅すると考えられています．

この500年で絶滅種が多かった20の地域

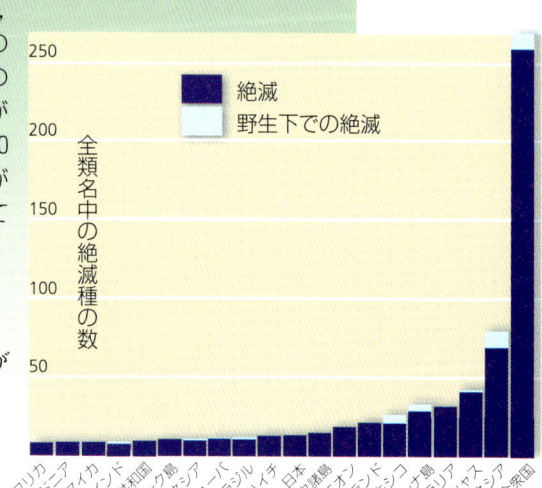

絶滅種の例
数多くの島々から動物たちが姿を消していきました．ハワイ州ではもっとも多く，28種の脊椎動物が絶滅しました．

それのある哺乳類と鳥類が250種みられ，この数は世界最多です．しかし同時に，インドネシアには他の国々よりも多くの動物が生息しているため，この数字自体は驚くべきものではありません．つまり，各国に生息する動物における絶滅危惧種の比率に注目すればよいわけです．

動物の生態

地図ラベル（左上から）：
リョウバト、シンリンバイソン、グアドループインコ、カロライナインコ、ジャマイカコンゴウインコ、メキシコハイイログマ、タイセイヨウモンクアザラシ、ピンタゾウガメ、フォークランドオオカミ、ポルトガルアイベックス、オーロックス、モウコノウマ、パレスチナイロワケガエル、バーバリーライオン、シリアノロバ、ブルーバック、モア、モーリシャスゾウガメ、レユニオントカゲ、レユニオンドードー、サンタマリアゾウガメ、クアッガ、ドードー、ロドリゲスコキンメフクロウ

スティーブンイワサザイ ―― いったい誰のせい？

　動物はいくつかの事情が重なって絶滅に至ることが多いため，絶滅の責任を1つの原因に求めることは困難です．たとえば，スティーブンイワサザイ（右図）は，ニュージーランドの2大島の間の小さな島に生息していました．生息数が多かったことはなく，最後の1羽は1894年に灯台守が飼っていたネコに殺されました．

　これは，移入捕食者になったネコの責任でしょうか．それとも，ネコを放ったらかしにしていた灯台守の責任でしょうか．あるいは，灯台守にこんな遠くの自然が壊れやすい島でネコを飼うことを許した当局の責任でしょうか．はたまた，（島にすむ他の多くの種と同様に，ネコのような捕食者がいないところで進化し）飛ぶことができなかったイワサザイが悪いのでしょうか．スティーブンイワサザイはこの島にしか生息していませんでした．そのため，いかなる脅威も，この100羽に満たない個体群全体に危機をもたらすものとなりえました．絶滅はたいてい全面的に人間のせいにされますが，実際にはそれほど単純な話とは限らないのです．

39

動物への脅威

動物たちはさまざまな危険に直面します．その中には，皮や肉をとるため，あるいは危険だからという理由で行われる狩猟のような直接的な迫害も含まれます．ところが，多くの脅威は間接的でわかりにくいものです．たとえば，生息地の消失，環境破壊，汚染などですが，こうしたことも動物たちの命を奪うのです．

生息地の消失

生息地の消失という問題は，自然界にもっとも古くからあったたたかい，すなわち，種どうしが場所を取り合う競争の延長線上にあります．この争いでは，私たち人間があらゆる動物の中でもっとも攻撃的にたたかっています．人口はこの2，3世紀で爆発的に増え，いまや60億人を超えています．他の種が生息地を追われるのも無理はありません．この問題は大きく広範囲に及び，すべての動物に影響を及ぼします．

野生生物から奪われた土地と水の大部分が，農業のために使われています．伝統的な土地利用では，牧草地や生垣，雑木林といった半自然の生息地をつくり，自然と調和しながら展開する方法がありました．そうした半自然の生息環境は多くの植物や動物を育み，自然のままの土地よりも豊富に生き物がすみつくこともありました．

しかし残念ながら，そうした半自然の土地のほとんどが，いまでは近代農業の発達によっておびやかされています．アメリカの草原に代表されるように，広大な農地と大型機械が多くの田園地帯を支配しています．近代農業の領域は実に広く，穀物や根菜類の栽培から，ブドウ園や果樹園の管理，植林，家畜の飼育，水産物（植物，魚，その他の動物）の養殖まで含まれます．現在，農業の技術は非常に進歩しているため，マングローブ湿地から熱帯のジャングルまで，あらゆるものを破壊して，ほとんどすべての土地を農地に変えることができます．また，湖や海の一部を陸地にしたり水産物の養殖に使うことも可能です．しかし，こうした行為によって，その地域の野生生物が自動的に一掃されることになります．例外は，有害な生き物か，新たな作物や生産物を都合よく利用できる種だけです．

牧草地

農業には動物の放牧も含まれ，たいていは森林を伐採してつくった広大な草地で営まれます．ふつう草地は他の土地に比べ生産力が低く，放牧地にはほとんど生き物がすみつきません．森林が伐り開かれ牧草地になると，一夜にして数百の種と数千の個体がすみかを失います．いったん木々が伐採され，草がすぐに育たなければ，地面は太陽や風，雨から保護されないまま放置されることになります．雨が降れば土は泥になり，乾季がくれば塵になって吹き飛ばされてしまいます．気温が高く乾燥した国々では，これが砂漠化への第1歩となります．酷暑と乾燥の中で植物は懸命に成長しようとしますが，ウシ

家畜の放牧は，生態系に対する大きな圧力となることがあります．ヒツジやウシ，あるいは水の少ない土地に適応しているやせこけた土着のコブウシ（左）さえも，野生の草食動物と食べ物を争い，過放牧状態を引き起こします．ウェスタンオーストラリア州のある地域（右）では，土地が支えられる以上の数のヒツジが放牧されました．こうした事態は，やがて砂漠化につながります．

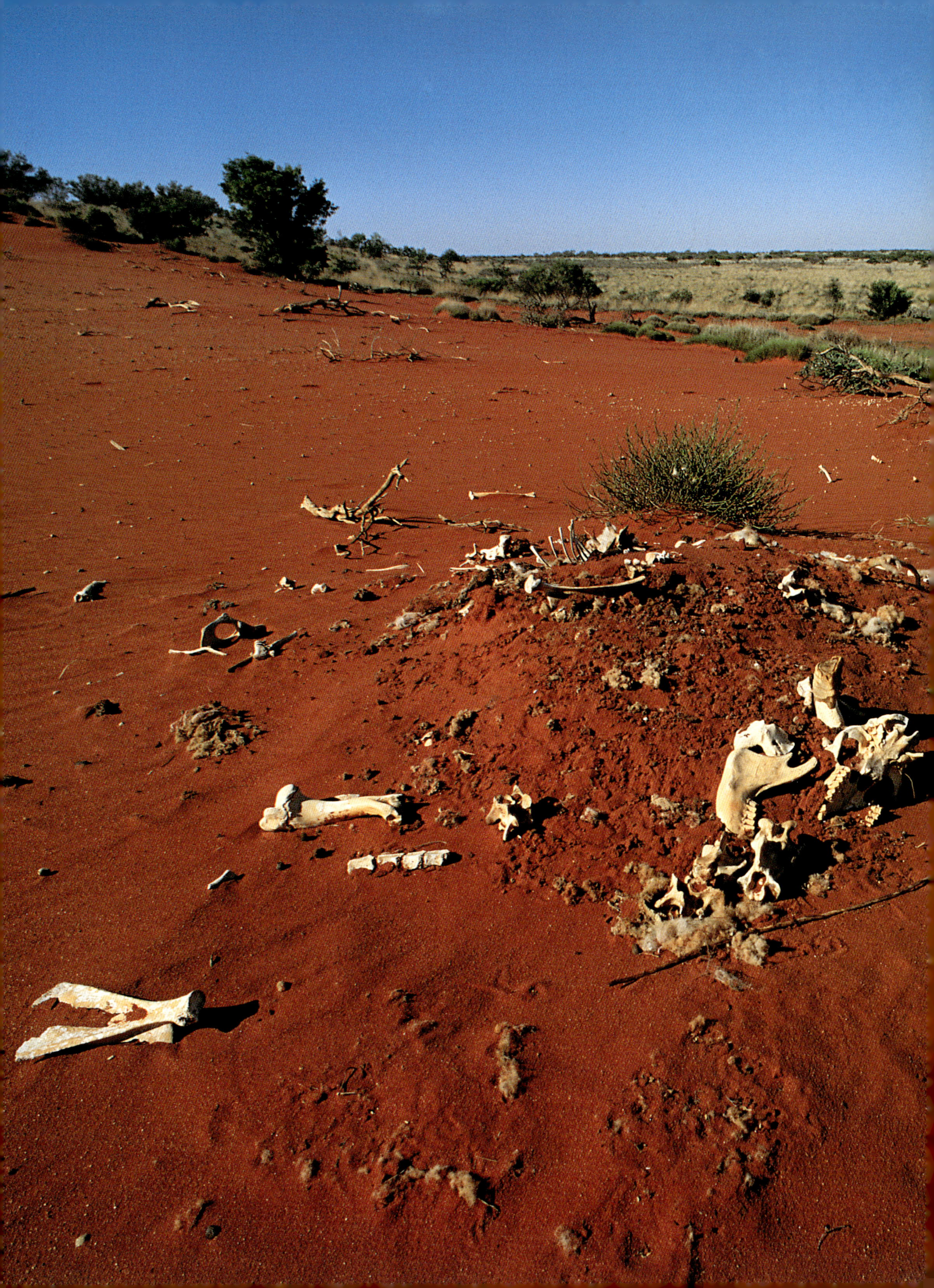

やヒツジ，ヤギに絶え間なく食べられてしまいます．植物がうまく育たなければ，根は土壌を安定させることができません．また，地面を太陽や風から守るための葉も育ちません．土壌はますます破壊され，生き残る植物も少なくなっていきます．しだいに，ほとんど何も生息しない砂漠が広がります．この問題は，サハラ砂漠南部で野生哺乳類に壊滅的な打撃を与えてきました．砂漠が広がるにつれて，毎年ヨーロッパとの間を行き来する渡り鳥は，そこを越えることができずに少なくなっています．ヨーロッパの多くの鳴禽類は，ヨーロッパでの保護にもかかわらず，アフリカで起こっていることのために数が減っています．

家畜の放牧は，野生生物の生息地を奪うだけでなく，他の問題も引き起こしています．新たな病気の持込みと，野生種との交雑です．これは，とりわけバンテン（**9**：8）やヤク（**10**：42）といった多くの野生ウシ類にとって問題となっています．家畜と食べ物を争わないように野生の草食動物が殺されたり追い払われ，また捕食動物は，家畜を守ろうとする農場主による駆除の犠牲となることがあります．

石炭，金属鉱石，サンゴ，貴金属，宝石などの採掘や，建築用石材の伐出し，砂や砂利，石油や地下水の採取，薪を集めるための天然林の伐採や倒木の収拾といったあらゆる第一次産業も，大規模な生息環境の劣化を引き起こします．また，第一次産業は労働力を必要とするため，以前は無人であった地域への人々の移住をともなうこともしばしばあります．たとえ産業活動の大部分が狭い地域に限られていたり，地下で行われたとしても，その周辺に突然現れた集落は，周囲の環境に大きな影響を与えます．製造業は運送コストを抑えるために原材料や燃料の供給地の近くに拠点を構え，さらに多くの人々やサービス産業を誘致し，道路や交通機関といった施設をつくります．そして，これらすべてが野生生物に悪影響を及ぼすのです．

人間の居住地が占める地域は，農業や産業によって失われる土地に比べて小さいでしょう．しかし，人々の住

排水と灌漑

人間が生息環境を変化させてしまう主要なやり方の1つが，水分バランスを変えることです．湿地やマングローブ林の排水や砂漠の灌漑が行われたり，また川の流れが変えられたりせき止められたりします．このような大規模な改変の結果，ほとんどの場合，生き物が姿を消してしまいます．

たとえば，ボルネオ島で沼地の排水が行われた際，テングザル（**7**：58）は広大な生息地を奪われただけでなく，狩猟者につかまりやすくなってしまいました．排水が行われる以前，狩猟者はやぶに覆われぬかるみに立ち入ることができず，テングザルは容易に身を隠すことができていたのです．また，排水によって，鳥は食べ物を得ることができなくなり，動物たちが食べていた虫や植物も姿を消しました．農地を灌漑するために水をくみ上げると，多量の水が蒸発して，川や湿地が干上がってしまいます．水が灌漑地から川や湖に戻されると，水と一緒に農薬や肥料が流れ込み，水生動植物の間にあるバランスを壊してしまいます．また，それらの水生生物を捕食している哺乳類や鳥まで打撃を受けることになります．

多くの湿地が排水によって干上がる一方，とくに川沿いの地域はダム建設の結果，水没の危機にあります．ダムもまた，流れる水を動きのない湖に変えることにより，ヨウスコウカワイルカ（**2**：68）のような希少動物や，多くの特殊化した魚や昆虫，その他の野生生物を危機におちいらせるのです．

カナダ・アルバータ州にあるこうした自然のくぼ地は，水鳥の繁殖にきわめて重要です．しかし，農民にとって水鳥はじゃま者であるため，くぼ地はしばしば排水されたり埋められたりします．

農地をつくるための熱帯雨林の伐採（右）は，人間と野生生物の双方に損害をもたらします。これは，森林が生育している土地が，実際にはきわめてやせているためです。栄養素となるのは次々と死んでいく植物だけです。一度，森林が伐採されてしまうと土壌はあっという間にやせてしまい，農作物が育つのは1, 2シーズンの間だけで，その後は放棄されてしまいます。

たとえ木を選んで伐採（択伐）したとしても，森林の生態系には深刻な影響を与えます。チーク（下，ミャンマーでの光景）やマホガニーといった成長の遅い木は，きわめて貴重とされています。伐採業者は価値のある1本を伐り倒すため，森林を帯状に荒廃させてしまいます。

居になる場所は，川岸や湖畔，海辺，風雨にさらされない渓谷など，壊れやすい環境であることが多いのです．人間の居住地は，道路や鉄道，輸送管や送電線でつながっており，それらが比較的手つかずの生息環境を分断します．皮肉なことに，いくつかの先進国では，鉄道や道路の脇にある地帯が広大で，保全上貴重な資源となっている国々もあります．このような，じゃまの入らない場所が，さまざまな昆虫や爬虫類，小型哺乳類，フクロウやチョウゲンボウなどの猛禽類のすみかとなっているのです．しかし，こうした動物は悪条件の中で最善を尽くしているにすぎません．道路やダムといった建造物は，多くの生き物にとって移動の障害となり，生息環境と個体群を危険なまでに小さく分断しています．

観光産業

これまでに解説してきた以外にも，観光開発が，とくに自然が壊れやすい地域で行われています．そもそも，そうした地域の損なわれていない美しさが，旅行者をひきつけるのです．モーターボートやダイビング，釣りといった水上スポーツや水辺のレジャーが，直接間接に沿岸にすむ野生生物に害を及ぼしています．毎年，何十頭ものアメリカマナティーがボートとぶつかって死に，さらに多くが船のスクリューによって傷を負っています．とくにカリブ海では，不注意なダイバーやボート乗りが，サンゴの上に立ったり走りまわったり，錨をおろすなどして，サンゴ礁に深刻な損傷を与えています．

旅行者のリゾートとなっている島でも，同様の問題が起こっています．国立公園当局は，野生生物と，それを楽しみにやってくる人々との利害をうまく調整しなくてはなりません．生息環境の消失や改変という点では，エコツーリズムさえ犠牲をともなうのです．ホテルは自然の生息地を占領するだけでなく，汚染も生み出しています．

狩　　猟

人間は数千年にわたって野生動物を殺してきました．はるか昔，高性能の武器ができるずっと以前に，狩猟が動物を絶滅に追い込んだという証拠が残っています．化石記録から，多くの大型哺乳類が約1万年前に絶滅した

動物への脅威

海辺のたたかい

　海岸についての好みは，観光客も海ガメやモンクアザラシもほぼ同じです．両種ともかつては地中海の広大な砂浜で繁殖していました．

　以前は，メスの海ガメが1000頭単位でやってきて，高潮線よりもずっと高い場所に卵塊を埋めていました．卵からかえった子ガメは，集団でいっせいに比較的安全な海の中に走っていき，キツネやカモメの待ち伏せから身を守っていました．しかし，旅行者向けのリゾート施設ができたとたんに海ガメの数は急減しました．母ガメは人間の姿におびえ落ちついて卵を産めず，あるいはたくさんの卵がつぶされたりカモメに食べられたりしました．卵から出てきた子ガメは，砂浜沿いのまぶしい照明で混乱して，海とは逆に陸に向かい，多くが命を落としました．

　チチュウカイモンクアザラシ（**2**：14）は，ちょっとしたかく乱でも母親が子を置き去りにしてしまいます．いまでは繁殖に適した砂浜がほとんどなくなってしまったため，絶滅の危機に瀕しています．

浜辺に打ち上げられ見物されている海ガメ（トルコ）

旅行者は，スペインのアリカンテにあるカルペ（左）のように，脆弱な環境のある地域にひかれます．何千人もの観光客を運んだり宿泊させるための施設は，生息環境の破壊や汚染，かく乱を招き，野生生物に深刻な害を与えています．

ことがわかっています．これは，ちょうど現代人が分布拡大をはじめた時期と重なります．最近では，アメリカバイソン（8：44）が狩猟によって絶滅しかけています．

かつては，人間が動物の肉や皮を生活の糧としていたため，狩猟は動物と人間双方にとって生きるか死ぬかの問題でした．しかし，先進国では今日，野生動物の肉は農場で生産された食料を補う程度の意味合いしかありません．狩猟は生存手段としてだけでなく，娯楽として行われているのです．ただし，中央アフリカや南アメリカ，アジアの貧しい地域の人々にとって，狩猟はいまも生活の糧となっています．人間の食料として殺されるさまざまな野生動物は，ブッシュミートと呼ばれています．しかし，生活のための狩猟とは別に，野生動物の肉の取引がますます商業化しています．近年では，内戦が伝統的な生活を壊しています．兵士が森の中に配置され，土地と家畜を奪われた人々が，以前よりも多くの野生動物を狩っています．そのうちの一部は食料となりますが，大部分は売ってお金を得るためのものです．

動物への脅威

ミンククジラはヒゲクジラの中でもっとも小型の種です．商業捕鯨は1986年以後禁止されていますが，日本やノルウェーなどの国々は科学的調査のための捕鯨を続けています．

あわれな姿のゴリラ（上）や切断されたサメのひれ（右）は，絶滅危惧種がいまも商取引されている例です．

　アフリカの市場でサルの肉が売られている光景は衝撃的です．しかし，存続が危ぶまれている動物が営利目的で狩猟されるのはいまにはじまったことではありません．角のためにサイを殺したり，象牙目当てにゾウを狩る行為は，いまも多くの地域でこれらの動物の存続にとって大きな脅威となっています．

　20世紀に世界中で行われた大型クジラ類の捕殺は，動物利用の歴史の中でもっとも残酷で恥ずべきできごとでしょう．20世紀のはじめから1960年代のおわり頃まで，2回の世界大戦による中断を除いて，毎年何万頭ものシロナガスクジラ，ナガスクジラ，ザトウクジラ，マッコウクジラが殺されました．その後も捕鯨は続きましたが，収穫は減っていきました．1970年代以降，大型クジラ類はほとんど生き残っていなかったのです．さらに，捕鯨に対する国際的な反対論も高まりつつありました．そしてついに，1986年には大型クジラの捕獲が世界的に禁止されました．「クジラを守ろう」というたたかいは大いに注目を集めましたが，捕鯨の禁止は全面的なものではなく，研究目的で少数の捕鯨を続けている国々もあります．

　漁業は世界中でさらに大規模に行われています．魚はみえないところにすんでいて，しかも大量にとれるため，人間は魚をいくらでもある資源と考え，持続可能性についてほとんど配慮せず何百万という単位で乱獲してきました．流し網やダイナマイトを使うやり方はきわめて効率のよい漁法ですが，これは商業的に価値の高い魚の多くが大きな群れになって安全を確保しようとするという習性を利用したものです．魚の資源量を監視することにはほとんど注意が向けられないため，漁獲量が減ってはじめて問題に気づくことがしばしばです．そして最初の反応として，利益を確保するためさらにさかんに漁を行うことがあまりにも多いのです．

　とれる魚の大きさが小さくなり，まだ繁殖能力のない幼魚が混じるようになると，その魚の個体数は一気に減少します．漁業は経済的にきわめて重要であるため，漁業が継続不可能になった時点ではじめて保全活動が本格的にはじまります．しかし，そのときにはすでにその種の将来は不確かなものになっており，回復には長い年月を要します．1993年，カナダは大西洋のタラ漁を中止せざるを得なくなりました．9年後，生息数は回復の兆し

をみせはじめましたが，商業的な漁業が再開されるまでにはまだ時間を要します．

贅沢品

　動物を殺す目的は肉だけではありません．温かい毛皮，良質の皮革，彫って道具に使える角などをもつために殺される動物がいます．あるいは不幸にも，体の一部があまり実用的でない目的で人間に求められる動物もいます．香水をつくるのに使う麝香や彫刻用の象牙，流行の服飾になる上等な毛や羽，装身具や宝石となる貝殻や真珠といったものです．さらには，動物の体の一部が薬や魔術の儀式に使われることもあ

羽毛の取引

欧米の女性が，帽子に鳥の羽をつけて飾ることが流行していた時代がありました．鳥の羽を集める業者は膨大な数の鳥の羽毛をロンドンやパリ，ニューヨークのオークションへ送り込んでいました．1904～1908年に，15万5000羽を超えるゴクラクチョウがロンドンで売られました．また，1897～1911年には，100万個以上のシラサギの羽飾りが売れました．ゴクラクチョウの羽やシラサギの繁殖羽はとくに人気がありました．膨大な数の鳥が羽を使うために殺されました．とくにシラサギは，繁殖集団がねらわれたため，生息数が激減しました．アメリカではダイサギの群生地が1世紀以上前に衰退し，いまも回復していません．

アカカザリフウチョウの飾り羽やディスプレイは，鳥類の中でもっとも印象的なものの1つです．

旅行者は悪徳取引業者の最大の顧客です．しかし，このように中国の市場で毛皮を買っても，通関の際に大きな問題となる可能性があります．

動物への脅威

大型動物の狩猟

大型動物狩猟の問題点の1つは，大型種，多くの場合に希少な大型捕食者がねらわれることです．もっともすぐれた個体がいなくなり，それらが産むはずだった子の数も減ります．ハンターの中には，とくに多くの貴重種を殺した人もいます．たとえば，インド北東部クッチベハールのマハラジャは，生涯に365頭のトラを射殺しました．

ビクトリア朝時代のトロフィーハンターたちは，たくさんの野生動物を殺すことによって名声を得ました．動物は大きくて危険であるほどよいとされていました．

ります．手に入りにくいほど，その価値は高まります．その動物が少なくなればなるほど，狩猟の報酬が高くなります．つねに誰かが闇市場で利益を得るために法をおかそうとしています．

戦　　争

戦争や内乱はたいてい人間の悲劇として語られます．しかし，戦闘によって広大な地域が荒廃すれば，動物も被害を受けます．一斉射撃や地雷で死ぬ動物もいれば，殺されて戦場の兵士の食料とされる動物もいます．難民の大規模な移動が起これば，その影響は環境にも及びます．また，戦争は保全事業の妨げにもなります．

迷　　信

動物の中には，希少動物でさえ，人間に害があるとして組織的な迫害を受け，絶滅寸前まで追いやられているものがいます．農作物を荒らす草食動物，蓄えられた農産物を食べるげっ歯類や鳥，昆虫，家畜や人々にとって危険と思われる大型肉食動物など，あらゆる動物がその標的になる可能性があります．地方の迷信や，ただ人々が嫌ったり受け入れないという理由だけで殺される動物もいます．ヘビやコウモリ，オオカミなどの悪い評判は，実際の危険性よりも人々の誤解や偏見が原因です．しかしそれでも，結果として膨大な数の動物が殺されています．

何世紀にもわたって，人間は動物たちを倒したり殺すために，石弓や槍，散弾銃やライフル，釣り糸，猟犬やタカを使って，動物たちとの知恵比べを楽しんできました．射撃の訓練にすぎないこともあったり，大きくて危険にみえる動物をやっつけてみたいといった目的にすぎ

49

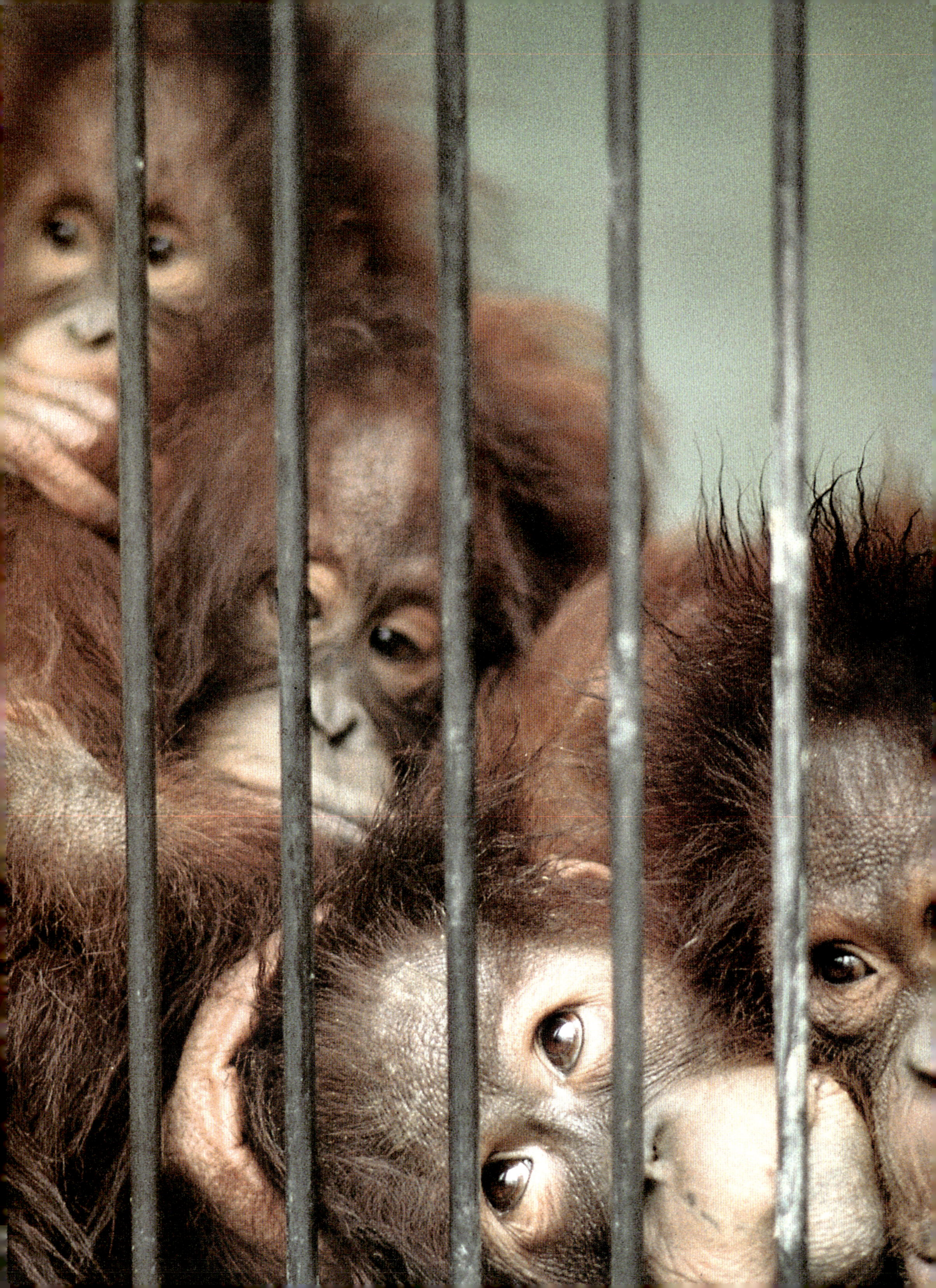

動物への脅威

ないこともありました．人々はいまも，ゾウやサメをつかまえたり殺したりすることに莫大なお金を費やしています．

生きた動物の利用

　生きた動物を取引することの大きな問題は，その動物が，一般家庭，動物園，研究施設を問わず，最終目的地に安全に到着するのが難しいことです．多くの動物が途中で死んだり傷を負ったりします．

　霊長類の子供は，たいてい母親を犠牲にして捕獲されます．親を失っているため，子供は生きていくための大切な技術を学ぶことがほとんどできません．たとえ救助されたとしても，手間とお金のかかる復帰訓練（リハビリ）が施されなければ，野生下で生き残ることはできないでしょう．

　生きた動物の商取引は大規模なものです．アメリカ合衆国は1996年だけで，6万9400頭のイグアナを含む170万頭の爬虫類を輸入しています．また，1991～1995年には，5万頭のセネガルカメレオンがアメリカに輸入されました．インドは1990年に5546羽のオオホンセイインコを合法的に輸出しました．それに加え，違法な輸出も行われています．タンザニアでは，輸出割当を大きく減らして状況を改善しようと努めていたにもかかわらず，1994年の9カ月間で18万7361羽のアフリカ産鳥類がダルエスサラーム空港から輸出されました．数多くの鳥がペットとして取引され，乱獲の脅威にさらされています．なかでもオウムは大きな被害を受けています．スミレコンゴウインコ（**2**：78）は動物園や収集家の間でとても人気があり，南アメリカの野生下で生き残っているのは3000羽に満たないと考えられています．

　水槽飼育のための取引も，毎年数百万の魚と水生無脊椎動物が野外から失われる原因となっています．サンゴ礁にすむ種はとくに人気があり，魚を傷つけやすい網ではなく化学薬品（シアン化ナトリウム）で膨大な数の魚が捕獲されています．この薬品で一時的に魚を麻痺させ，手でつかまえるという方法です．魚は後に回復しますが，サンゴ礁にすむ他の生き物は死んでしまいます．また，捕獲される魚は，飼育に適しているかどうかではなく，たいてい外見で選ばれます．

魚の採集人は水槽飼育用取引のため，化学薬品で魚を麻痺させて生け捕りにします．生き残る確率は，数十匹のうちの1匹です．

オランウータンの子はとても**魅力的**ですが，ペットには向いていません．野外でつかまえられたオランウータンは，結局放っておかれたり見捨てられることが多いのです．運よく野生復帰できるのは，ごくわずかな個体だけです．

汚　染

　さまざまな汚染の中には，その被害が一目瞭然で極端なものがあります．超大型タンカーのエクソンバルディーズ号がアラスカのプリンスウィリアム湾で座礁した際には，1000頭のラッコ，数頭のクジラ，数十万の海鳥，数百万の魚や無脊椎動物が死にました．これほど大規模の被害は衝撃的です．しかし，あらゆる汚染がこのように明らかなわけではなく，大きく報道されない被害もあります．大量の石油の流出や集団中毒といった事故は，人間がつくり出す汚染物質による被害の一部にすぎません．

　家庭ゴミは毎日無頓着に出され，自然環境に蓄積されていきます．最大の問題は，プラスチック，その他の現代の廃棄物が天然物のゴミのように腐らないことです．ビニールの買い物袋やプラスチック製の包装，ビンやテープが原因で，毎年10万頭にのぼるクジラやアザラシ，ラッコ，カメ，200万羽にのぼる鳥が死んでいます．これらの動物の多くは，ゴミにからまって溺死します．また，ゴミを食べて窒息死する動物もいます．海ガメはビニール袋をクラゲと間違えて食べてしまいます．

生物濃縮

　重金属，農薬，人工化合物などの物質は自然環境の中に入り込んだ後，代謝されません．いったん動物の体内に摂取されると，分解も排泄もされずに，体組織に蓄積されます．寿命の短い動物や食物連鎖の底辺にいる動物は，実際に有害となるほどの化学物質を摂取しませんが，寿命の長いカワウソや猛禽類のような肉食動物は，多量の化学物質が体内に蓄積された結果，死に至ることもあります．

カワウソ（**4**：52）のほとんどが，20世紀のおわり頃，体内に蓄積された殺虫剤のDDTが原因で死に絶えました．

大気汚染

　鉱工業や交通輸送が大気汚染の主な原因です．石炭やガス，石油などの化石燃料や，その派生物のガソリンを燃やすことによって，微細なすす状の粒子や，一酸化炭素，窒素酸化物や過剰な二酸化炭素などの有害化合物が大量に放出され，地球の温暖化をうながしています．

酸 性 雨

　酸性雨も，化石燃料を燃やすことによって生じる副産物です．この酸は動物がすぐ死ぬほど強くはありません

動物への脅威

スカンジナビア半島の針葉樹林は，広い地域にわたり酸性雨によって破壊されてきました．酸性雨はヨーロッパの別の地域で発生し，卓越風によって北に運ばれてきたものです．

鉱業の副産物である酸や重金属，シアン化合物によって，アリゾナ州のこの渓谷全体が汚染されました．

が，数カ月，数年にわたって草木を枯らし，土壌を汚染して，広範囲で生息環境を破壊します．

農　薬

　昆虫，菌類，雑草やネズミ類など，害虫や迷惑生物を退治するもっとも効果的な方法が，農薬を使うことです．しかし，農薬の使用に際しては数々の問題があります．まず，農薬の毒性の影響が有害な生き物にだけ及ぶのかどうかがわかりません．北アメリカではコヨーテをねらった毒薬でスウィフトギツネ（**6**：72）のほとんどが殺されました．また，フロリダキーズでは，蚊を退治するため殺虫剤をまいた結果，美しく希少なシャウスアゲハに被害が及びました．

　農薬はまた，いったん環境に入り込むと，その性質を変える可能性があります．分解産物は，もとの物質と同様に野生生物に有害かもしれません．しかし，多くの農薬に関する最大の問題は，まったく分解が起こらないということです．環境中に蓄積し，何年も後になって悪影響が出てくることもあります．

　DDTは，これまでに発明された中でもっとも効果のある殺虫剤です．世界中のマラリア汚染地帯で，蚊が大発生している湖や川にまかれ，何千人もの命を救っています．また，農作物の害虫退治にも使われていました．使用されるDDTの濃度は昆虫に対しては致死量ですが，大型動物や鳥にはまったく害を与えない程度です．しかし，生物濃縮の過程で，食物連鎖の上位捕食者は，餌動物，またその餌動物の餌のすべてが摂取したDDTを取り込むことになります．こうして体内に摂取されたDDTはもと

スペインのこの湿地のように、低度の汚染でも深刻な被害が引き起こされます。大規模な干ばつによって水中の化学物質の濃度が致死レベルにまで上昇し、数千匹のコイが死にました。

の濃度の数千倍になることがあり、それが命に関わる動物もいますし、若干の影響を受けるだけの動物もいます。1950年代から1960年代にかけて、北アメリカではハヤブサの数が激減しました。ハヤブサの健康状態に異常があるようにはみえず、汚染された様子もなかったことから、減少の理由はなぞでした。後に、食べ物に含まれていたDDTがハヤブサの代謝に影響し、メスが健康な卵を産めなくなったことがわかりました。卵の殻があまりにも薄いため、温めている母鳥の重さで卵がつぶれてしまうのです。この問題が明らかになったときには、アメリカのハヤブサはすでに絶滅の寸前まで減少していました。ミサゴ、カワウソ（**4**：52）といった他の捕食動物も、DDTが原因で生息数が減少しました。現在、DDTの使用は広く禁止され、被害を受けた捕食動物の生息数も回復しはじめています。

　DDT以外にも、鉛、銅、亜鉛、水銀などの重金属やポリ塩化ビフェニル（PCB）など、生物濃縮される物質の影響が心配されています。これらの化学物質は、麻痺や繁殖能力の低下、免疫不全や死など、野生生物にさまざまな害を及ぼしています。

　近代農業では、やせた土壌の生産性を上げるために、リンや窒素を含む肥料がしばしば使われます。こうした肥料は無制限に使用されることが多く、雨が降るたびに大量の化学物質が土から河川や小川に流出し、その結果、大量の水生植物が川に突然繁茂することになります。まず藻類が急成長し、たった数日で、他の植物が受ける日光をさえぎり、川をふさいでしまいます。藻類の中には毒素を出すものもあり、川から飲み水を得ている動物や人間が被害を受けます。いったんすべての栄養素が使い尽くされると、藻類は死んで腐りはじめます。分解の過程で大量の酸素が消費され、生態系全体に悪影響を与えます。藻類が繁殖した結果、川の生き物はほとんど死に絶えてしまうことがあります。

熱，騒音，照明

　工場や発電所から出る廃水の温度は、流れ込む川の水温よりも高いことがほとんどです。工業地域の中には、このことが原因で川全体の水温が著しく上がっているところもあります。温水は冷水よりも酸素が少ないため、熱は水生生物にとって有害です。とくに熱帯地方ではもともと水が温かく酸素が欠乏しているため、深刻な問題となります。また、気温の低い地域でも、魚や水生生物が温かい水に慣れていないため、大きな問題となっています。

　人間は、私たちが鈍感な耳で聞いているよりも、よほど騒々しい生き物です。はるか遠くだったり高すぎるために気づきませんが、世界は私たちに聞こえない音で充

満しています．音は水中では空気中よりもずっと遠くまで伝わるため，エンジンの騒音や潜水艦の音波探知機の出す人工的な音が海中動物に害を及ぼしています．とくにクジラは音に敏感です．クジラは音がはね返ってくる時間をはかって物体の位置を確認したり（反響定位），音を使って遠距離間のコミュニケーションを行います．

照明も野生生物に悪影響を与えています．とくに渡り鳥の多くは，夜空の星の光を頼りに飛んでいます．しかし，明るい照明によって混乱し，目的地にたどりつけなかったり，繁殖時期を逃したり，さらに悲惨なことに，不適当な環境で死んでしまう渡り鳥もいます．

気候の変化

地球の気候は温暖化しています．100年後，地球の温度は6℃上昇し，氷河と極氷が融けて海面が高くなり，低地が沈んでしまうと予測されています．また，天候がきわめて不安定になり，気候の安定していた地域でも洪水や干ばつがふつうに起こるようになると考えられています．

主な原因は，大気中の二酸化炭素などの気体の濃度が上がることによって引き起こされる，温室効果と呼ばれる現象です．二酸化炭素自体は有害ではありません．二酸化炭素は私たちの体から放出されていますし，植物はこれを原料にして必要な糖類を生産しています．また，大量の二酸化炭素が海に吸収されています．しかし，二酸化炭素は燃焼の副産物でもあります．化石燃料を燃やすと，二酸化炭素は，世界中の海や減ってしまった森林が吸収しきれない速さで生み出されます．その結果，二酸化炭素が大気中に蓄積され，温室のガラスのようなはたらきをします．つまり，蓄積された二酸化炭素は，太陽エネルギーを取り込みはするけれども，それが地球の表面に反射して出て行くのをとめてしまうのです．

温帯の暖かい冬といえば，魅力的に思うかもしれません．しかし，絶滅のおそれのある動物のあるものにとっては災難です．コウモリやヤマネのような冬眠動物が，最初の犠牲となるでしょう．これらの動物は，食べ物のない冬の間，エネルギーを節約するために冬眠します．冬眠では，低温を利用して，かろうじて生きられる限界まで体を冷やします．体が凍るのを防ぐための最小限の

ヨーロッパヤマネにとって，安全に冬眠するためには冬の低温が欠かせません．このような動物は，気候の温暖化によって強い影響を受けます．

エネルギーだけを使い，通常の寒さの冬であれば体内に蓄えた脂肪によって春がくるまで生き延びることができます．しかし，気温が冬眠中の動物の体温よりも高くなれば，心拍数が上がり，体の中心部の温度も上昇します．こうして代謝が上がると貴重な脂肪は余分に燃やされ，春まで生き延びることが難しくなります．

大気には，オゾンと呼ばれる気体によってつくられているもう1つの層があります．オゾン層はフィルターのようなはたらきをし，太陽から発せられる有害な紫外線が地球に届かないようにしています．このオゾン層が，フロン（CFS）と呼ばれる人工化学物質によって破壊されています．オゾン層が薄くなったり，その一部に穴があいたりすれば，地球は有害な太陽光を浴び，人間が日焼けや皮膚がんになる危険性が高まります．動物への影響はいまのところ確認されていません．

外来種

場所が離れているということは，それぞれの地域特有の動物が進化するための重要な要因です．今日では，

人々が地元ではみられない動物をみるために世界中に出かけます．しかし，その昔，入植者たちは，新しい土地の珍しい動物を楽しむよりも，なじみ深い動物を新天地に連れて行くことを好みました．郷愁にかられたり無理解だったためです．

オーストラリアには，18世紀にヨーロッパ人が入植する以前，少なくとも1種の外来肉食動物がすみついていました．その4000年前に，アジアのオオカミの子孫であるディンゴが，先住民たちとともに移りすんでいたのです．フクロオオカミ（タスマニアオオカミ）（9：44）の数が減ったのは，ディンゴとの競争に負けたためだと考えられています．白人が本格的に入植をはじめてからは，たくさんのペットや家畜が持ち込まれるようになりました．

オーストラリア全土に，ネコやイヌだけでなく，ウシ，ヤギ，ブタ，ヒツジ，ラクダやロバ，ウマなどが野生化しているのは，こうした移入の結果です．また，入植者たちは，狩猟のため，また祖国の趣を添えるために，ヨーロッパ産の野生生物を船に乗せました．アナウサギやノウサギ，キツネなどが放され，森の中では大混乱が起こりました．とりわけアナウサギは，広い地域にわたって草をはぎ取り，巣穴を掘って土壌を不安定にしました．

もともとオーストラリアにすんでいた草食動物は，アナウサギとの競争に苦しみました．また，アナウサギのせいで，他の無害な動物たちも迫害されました．たとえばウォンバットは，巣穴が広範囲にわたり，アナウサギがそれを使ってアナウサギよけの柵の下を通ってしまうという理由で，撃ち殺されました．

ニュージーランドに意図的に持ち込まれた外来動物の被害はさらに大きいものでした．もともとニュージーランドにはコウモリのほかに哺乳類はすんでおらず，鳥の多くは高度に特殊化した生活様式をもっていました．入植者は1世紀くらいにわたり150種類ほどの哺乳類や鳥類を持ち込みましたが，在来種が適応するには時間が足りませんでした．すべての外来動物が生き延びたわけではありませんが，居場所をみつけたものの陰には，多くの在来動物の犠牲がありました．少なくとも7種の固有鳥類が絶滅し，アオヤマガモやフクロウオウム（3：12）を含む17種以上の動物が絶滅の危機にさらされています．オコジョやクマネズミなどの外来種は，地面に巣を

オーストラリアに持ち込まれたオオヒキガエル（右）やヨーロッパに移入されたアメリカミンク（下）によって，多くの在来の動物が急減しました．

つくるキタタテジマキーウィ（4：64）やタカヘ（ノトルニス）（7：20）などの天敵です．どちらもニュージーランドにしか生息していない鳥類です．また，固有のコオロギや陸貝など数多くの種が外来動物による危険にさらされています．

船乗りは，将来，航海のときに新鮮な肉を食べられるように，ヤギやブタ，ウサギなどを遠隔の島に置き去りにすることがよくありました．これら3種類の動物は旺盛な食欲をもち，なかでもヤギは条件がよいときわめて速く繁殖します．ガラパゴス諸島のピンタ島では，わずか12年でヤギが3頭から数千頭に増え，地面を裸にしてしまいました．ブタも同様に破壊的です．17世紀の初頭にバミューダ島に残されたブタの1群は，固有種のバミューダミズナギドリ（8：84）を一掃してしまいました．約400年にわたる公式な保護にもかかわらず，かつて数十万羽が生息していたこの鳥は現在もIUCNレッドリストの「絶滅危惧（EN）」に分類されています．

アメリカミンクは最初，毛皮用としてヨーロッパに持ち込まれました．毛皮の需要が高まり，やがて生きたミンクが船で毛皮生産農場に送られるようになりました．ミンクはとくにどう猛な捕食者で，農場から逃げ出して

も野生で容易に生き延びることができました．また，数千頭のミンクが，動物愛護運動家の手によって故意に野生に放たれました．それらのミンクの大部分はワナでとらえられたり撃ち殺されました．車にひき殺されたものもいました．動物愛護運動家の望みどおりに生き残った一部のミンクは，在来の野生生物を犠牲にして生き延びました．すでに狩猟によって数が減っていたヨーロッパミンク（**10**：64）は，アメリカミンクとの競争に負けて，現在激減しています．

　不適切な持込みのすべてが，故意によるものではありません．いろいろな動物が積荷に潜んで船や飛行機で新たな土地に入り込みます．クマネズミ（**5**：28）はたくみな密航者で，港のほとんどすべての場所にたどりついています．また，有害な動物でもあり，病気を伝染させたり，小型爬虫類や両生類，鳥を殺すことでも広く知られています．

　深刻な被害を及ぼす外来動物が大きくて活発であるとは限りません．大型貨物船は，船体を安定させるためバラストタンクに海水を入れて運んでいます．バラストタンクに入れる水量は積荷の量によって変わるので，港の近くで船はタンクの水を出し入れします．これによって，さまざまな海生動物の卵や幼生が数千 km もの距離を運ばれて行くのです．

病　気

　病気は生きることにつきものです．しかし，バランスのとれた生態系では悪性の伝染病はまれです．病気は，老いた動物や弱い動物を取り除くので，個体群にとって有益であるともいえます．問題は，動物たちが自然免疫をつくる機会がなかった新たな病気にさらされる場合です．

　持ち込まれた病気は，猛烈な速さで無防備な個体群に広がる可能性があります．有名な例としては，粘液腫ウイルスがあげられます．1950年代に，あるイギリスの農民が，もとは南アメリカからきたウイルスを使って農場のアナウサギの数を減らそうと考えました．しかし，その効果は予想以上に絶大でした．粘液腫ウイルスは一気に広まり，1年でイギリス中のアナウサギの99％を殺してしまいました．農民たちがほっとする間もなく，保全

船は廃棄物を海に放出し，深刻な汚染を引き起こしています．さらに，バラストタンクから放出される水が生態系を破壊する可能性もあります．他の場所に生息していた生き物が，バラスト水に入って運ばれてくるためです．

活動家は大きな問題が起こっていることに気づきました．アナウサギは，イギリスに持ち込まれてから2000年の間，きわめて貴重な生息環境をつくり維持する上で大切な役割を果たしてきたのです．また，アナウサギはキツネや猛禽類の餌として，食物連鎖の重要な構成要素にもなっていました．アナウサギの数とともに，アカトビ（**2**：10）やノスリなど多くの捕食動物も激減しました．幸運なことには，現在，アナウサギの個体数は回復し，大部分が粘液腫ウイルスに対してある程度の抵抗力を身につけています．

　病気と感染する動物（宿主）とのバランスがとれるのは，病原体がある1種の宿主だけに感染する場合です．宿主個体群のほとんどが死んでしまえば，もはや病気を広める動物は少ないため，感染率はとても低くなります．そして，生き残った動物は病気への抵抗力を進化させる機会を得ます．しかし，病原体が2種類の動物に感染す

る場合，抵抗力がより高い動物は個体数も相対的に多いままで感染が続き，もう1種の動物へ再感染させます．こうした事態は，伝染病にかかった動物が別の場所に持ち込まれたときに起こります．在来の動物が受ける被害は深刻です．たとえば，アフリカでは，飼いイヌからリカオン（野生犬）やライオンにイヌジステンパーが伝染し，多くが死亡します．中央アメリカでは，ウマからバクに病気が伝染します．ふつう七面鳥がかかるある病気は，いまは絶滅してしまった北アメリカのヒースライチョウの数をひどく減らしました．飼育されている動物の場合は病気もたいていは軽く，獣医から薬を投与されることも多いのですが，野生動物は深刻な被害を受けることがあります．

　飼育下で育てられた動物が野外に放された場合，増やそうとしたまさにその個体群に，病気を広めてしまうことが知られています．再導入計画が保全活動の本当に最後の手段であるのはこのためです．

遺伝学的問題

　すべての動物が親から遺伝子を受け継いでいます．父母から受け継ぐ遺伝子によって，人間であれば青い目に生まれたり，バレリーナやフットボールのラインバッカーになれる可能性が高くなったり，ライオンであれば群れのボスになれる可能性が増します．このように遺伝子がはたらく過程は複雑で，まだ科学者が解明できないなぞもあります．ところが，遺伝的な問題で絶滅の危機に瀕する動物たちがいるのです．

同系交配と異種交雑

　同系交配とは，近親関係にある相手と繁殖することです．同系交配の結果，個体群は多様性を失ってしまいます．多様性は進化の鍵をにぎっているため，同系交配は，個体群が変化に対応できる限界を狭めることになります．1つの個体群の中の生き物がどれもきわめて似ている場合，それらの遺伝子も同様に酷似しているはずです．

　親子，兄弟どうしで繁殖するなど，極端な同系交配が行われると，その子孫に異常や遺伝障害が現れる危険性が高まります．欠陥のある遺伝子を両親から受け継いだ場合にのみ現れる症状がたくさんあります．こうした可

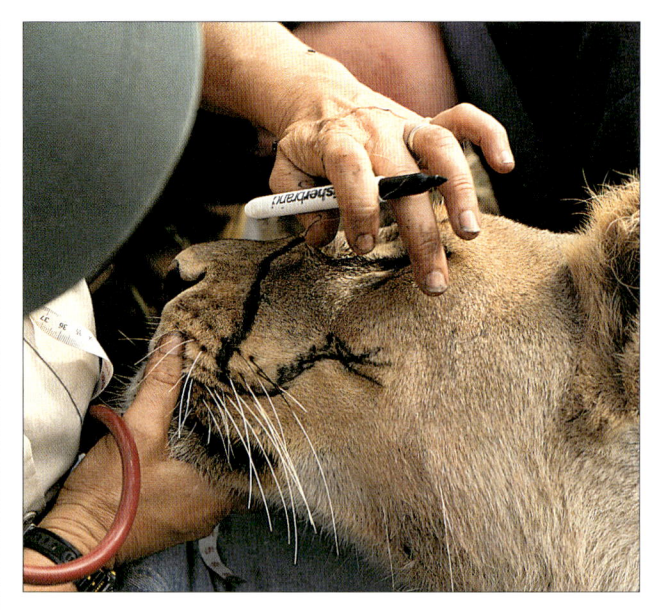

イヌジステンパーに伝染したライオンが治療を受けているところです（顔に描かれている線は神経学的検査のためです）．イヌジステンパーは飼いイヌによってアフリカに持ち込まれたため，ライオンは自然免疫を身につけていませんでした．

能性は，両親が近親で類似の遺伝情報をもっている場合にきわめて高くなります．影響を受けた子供は，たいてい生まれる前，あるいは産後まもなく死んでしまいます．異常のある野生動物を目にする可能性は少ないため，このような問題は見過ごされがちです．はじめて異変に気づくのは，たいてい個体数が減少したときです．世界的にもっとも希少な動物の数十種類で，出生率が低かったり子供の死亡率が高いのは，主に同系交配が原因であると考えられています．同系交配は，飼育個体数を増やす上でも問題になっており，動物園での繁殖計画に対する批判の根拠としてもよく取り上げられます．

　また，異種交雑にも，遺伝的特徴を希薄にしてしまうという問題があります．たとえば，ヨーロッパヤマネコ（**8**：20）がイエネコと交雑すれば，ヤマネコを別種としている理由自体が失われてしまいます．

　野生生物の死のすべてが人間の責任ではないとしても，

チーター（**7**：32）では同系交配がきわめて進んでいるようです．個体群には遺伝的多様性がほとんどないため，出生異常やその他の障害が現れる危険性が高いと考えられます．

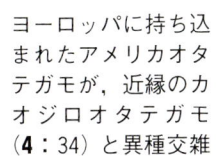

ヨーロッパに持ち込まれたアメリカオタテガモが，近縁のカオジロオタテガモ（**4**：34）と異種交雑を重ねた結果，カオジロオタテガモは絶滅の危機に瀕しています．

人間はしばしば事態を悪化させています．洪水や雪崩，嵐，火災，地滑りはしばしば起こります．すでに絶滅寸前の動物にとって，こうした自然災害はとどめの一撃となる可能性があります．

自然災害に見舞われやすい地域があります．日本やフィリピン，ニュージーランド，アメリカの西海岸などでは，他の地域に比べて火山の噴火や地震，地滑りが頻繁に起こります．カリブ海やインドシナ半島，インドの熱帯沿岸では，大規模な暴風雨が発生します．モーリシャス諸島のモーリシャスバト（**8**：72）やシマホンセイインコは，サイクロンによって絶滅寸前にまで追い込まれました．

火のもつ破壊的な力には，善悪の両面があります．生息環境の中には，火の手があっという間にまわり，まず乾いた草や葉を燃やすため，木や灌木といった大きな植物が焼失せずにすむ地域もあります．皮肉なことに，私たちが森林火災を防ごうとすることで，長い間に燃えやすいものがたまり，それに火がついて，もっと重大な損失を招くことがあります．1990年代に東南アジア一帯で起こった山火事は，近年でもっとも大きな被害を出しました．異常気象によって広範囲にわたって植物が乾燥していたため，いったん火の手がまわると健全なジャングルまで焼失してしまい，この地域のかなりの部分で生き物が死に絶えました．この火災で，どれだけ多くの希少動物が失われたかわかりません．

動物界

これまでに発見され，公式に記載されている動物は100万種以上いますが，おそらくは，少なくとも同じくらいの数の動物がまだ未発見のままと考えられています．しかし，未発見の動物のほとんどは，小型で熱帯地方に隠れているでしょう．大型の哺乳類や鳥類が新たに発見されることはめったにありません．

書物にすでに載っている動物の種数はあまりに多いため，専門家でさえもすべてを覚えることはできません．そのため，生物学者は，動物たちを同じ特徴をもつグループに分けています．哺乳類には毛皮があり，鳥類には羽があり，魚と爬虫類にはうろこがあるといった特徴です．これらのグループは，さらにサブグループに分かれます．たとえば，爬虫類はカメ，ワニ，ヘビ，トカゲに分けられます．サブグループ内の動物たちは，共通の特徴をもち，さらに細かなグループに分けられることがあります．たとえば，カメは陸ガメ類，淡水ガメ類，海ガメ類に分かれます．

一般に，すべての動物は，まず脊椎動物と無脊椎動物に分けられます．脊椎動物とは，体内に背骨を含む骨格をもつ動物のこと．無脊椎動物とは，内骨格はありませんが，殻や関節のある管状の肢といった外骨格をもっています．しかし，この区分の仕方はきわめて不平等であるといえます．というのも，脊椎動物の種数は全体の5％に満たないからです．にもかかわらず，私たちは脊椎動物をとても重視しています．それは，脊椎動物には人間が含まれていて，また，大きかったり，色鮮やかであったり，見ごたえがあったり，危険であったり，あるいは何か特別な興味をひくものであったりするからです．

動物を分類する基本的な方式は，約250年前に植物学者のカール・フォン・リンネ（ラテン語式にリンネウスと呼ばれることもよくあります）によって考案されました．その後，この方式は広く適用され，より多くの種を含むようになりましたが，基礎となる考え方は同じです．主要グループは門と呼ばれ，棘皮動物（ヒトデとウニ），環形動物（条虫類），軟体動物（ハマグリ，カタツムリなどの貝）など30ほどがあります．それぞれの門は1つ以上の綱に分かれ，それぞれの綱はさらに目に分かれます．このように，小さな種グループに分かれていくのです．たとえば，ホホジロザメ（**6**：16）は次のように区分されます．門：脊索動物（脊椎動物とホヤ類），綱：軟骨魚綱（軟骨魚類），目：軟骨魚目（サメとエイの仲間），科：メジロザメ科（典型的なサメ類），種：ホホジロザメ．また，ライオンは次のようになります．門：脊索動物，綱：哺乳綱，目：食肉目，科：ネコ科（ネコ類），種：ライオン．

リンネは，私たちの姓と名のように，それぞれの動物に2つの名前をつけました．ライオンの姓（属と呼ばれます）は *Panthera* です．これはヒョウ（**9**：18）やトラ

アメリカクロクマは，その名前にもかかわらず，乳白色から漆黒までさまざまな色をした個体がいます．この褐色のメスと黒色のオスのように異なった色の個体間でも交配が行われることから，これらは1つの種であると考えられています．

動 物 界

（7：78）のような大型のネコ科動物と共通です．しかし，他の種には種小名がついています．*Panthera tigris*（トラ），*Panthera leo*（ライオン），*Panthera onca*（ジャガー **6**：54）といったものです．

　このような方式で動物を名づけることによって，個々を識別できる上に，近縁関係にある動物もわかります．

　ラテン語の学名は，世界中で共通して同一の動物を特定できるため便利です．この命名法がなければ混乱してしまうでしょう．たとえば，ヨーロッパに生息するコマドリはアメリカのコマドリとはまったく異なった鳥です．ここでラテン語名を参照すれば，大西洋の両側でそれぞれ，*Erithacus rubecula* はヨーロッパの種，*Turdus migratorius* はアメリカの種であることがわかります．

腔腸動物門　扁形動物門
海綿動物門　線形動物門
原生動物界　環形動物門
哺乳綱
その他の門　　種の数
棘皮動物門　　6万種
　　　　　　　4万5000
脊索動物門　　3万
　　　　　　　1万5000
軟体動物門　　0
双翅目 ハエ カ
膜翅目 アリ ハチ スズメバチ
その他の節足動物
鱗翅目 ガ チョウ
その他の昆虫
節足動物門
昆虫綱
鞘翅目 甲虫

動物界はおよそ30の門に分かれています．人間に知られているすべての動物の4分の3は節足動物門に属し，節足動物門の4分の3は昆虫綱です．これに比べると，他の門に属する動物の数はとても少なく，わずか約5000種の哺乳綱は，動物界のほんの一部であることがわかります．門は綱に区分され，綱は目に，目は科に，科は属に，属は種に分けられます．

哺乳類

　一般に哺乳類の体温は高く，ふつう35〜38℃ほどです．哺乳類は恒温動物で，一生を通じてつねにほぼ一定の体温を維持しています．また，哺乳類は内温動物でもあり，日光といった外部の熱源にほとんど頼ることなく，体内で熱を発生させています．子は生まれたときから活発に動き，母親の乳腺から分泌される乳を飲みます．ミユビハリモグラ（ナガハシハリモグラ）（**10**：30）とカモノハシ（**4**：40）は例外的に卵を産みますが，やはり乳で子を育てます．

　親による子育ては数年にわたることもあり，この間に子は年上の動物からさまざまなことを学習します．一般に家族は小さく，子は生存率が高くなるように十分な世話を受けます．また，多くの種が社会的集団で生活し，子をよりうまく育てるために協力し合います．ほとんどの哺乳類は毛や柔毛で覆われ，これらは断熱や体温維持に役立っています．特殊な生活様式に適応した結果，クジラなどの哺乳類には毛が生えていませんが，その代わりに皮膚の内側にある厚い脂肪層が断熱効果を発揮しています．体温の維持に関連して，哺乳類はきわめて効率的な循環系をもっています．哺乳類の体内では，鳥類以外のすべての動物よりも速く高圧で血液がめぐっています．内温・恒温（温血）という性質と効率的な循環系によって，筋肉と神経が素早く機能し，食べ物の消化を早め，子の成長が促進されます．哺乳類が他の生き物よりもはるかに活発なのはこのためです．

哺乳類の多様性

　それぞれ5本の指がついた4本の足をもつという哺乳類の基本的な体制は，土を掘る，走る，泳ぐ，飛ぶといった動作をより効率的に行うために変形されてきました．また，歯も，肉から木の実や葉，魚，草，血や昆虫に至るまでさまざまな食べ物に対応するために特殊化してきました．

　哺乳類は，こうした特徴によって，気温などまわりの状況に左右されずに，他の動物よりも多様な環境で生きていくことができます．哺乳類はすべての大陸，そして，極地，砂漠，山頂，ジャングルなどに生息しています．深海に長時間潜ることができる哺乳類もいます．哺乳類は，同じくらいの大きさの他の動物よりも多様な環境でみごとに生き延びています．ある哺乳類（私たち）は地球を離れて別の世界を訪れました．こんなことをした動物はほかにいません．

哺乳類と人間

　哺乳類の中には，非常に数が多く広範囲にわたって生息するようになったものがいます．ウマやイヌ，ウシ，ヒツジといった多くの哺乳類は，人類の繁栄のために重要な役割を果たしてきました．肉や乳，皮革や輸送手段，労働力を提供して，人間の地球征服を支えているのです．また，人間のための医療研究に役立つ哺乳類もいますが，一方では，害をなしたり病気をうつす哺乳類もいます．

哺乳類の歴史

　はじめて哺乳類が現れたのは，およそ1億年前，恐竜が世界を支配していた頃です．哺乳類は比較的新しい動物で，他の動物たちははるかに古い起源をもっています．たとえば，爬虫類がはじめて現れたのは哺乳類よりも2億年以上も前のことです．最初の哺乳類は，現在生息しているキューバソレノドン（**4**：76）やハイナンジムヌラ（**8**：48）に似た小さなとるに足らない動物でした．そのような単純なはじまりから哺乳類は，共通の特徴をもちながらさまざまな種に進化していき，いまでは史上最大の動物であるシロナガスクジラも哺乳類の一員です．もっとも小さい哺乳類はコビトジャコウネズミで，体重は約2g，多くの甲虫よりも小さい動物です．この100万年から200万年の間に，世界の異なる地域にみられるさまざまな哺乳類に大きな変化が訪れ，多くの哺乳類が絶滅したり激減しました．

なぜ哺乳類は危機にさらされているのか

　有史以後，哺乳類は人間からの攻撃にとても苦しめられてきました．とくにトラ（**7**：78）やオオカミ，クマなど大きくてどう猛な哺乳類は，人間や家畜にとって危険であると考えられ，激しい迫害を受けました．また，大

哺乳類

最初期の哺乳類は、はるか昔に絶滅したメガゾストロドン（上）のように、小さく目立たない動物で、昆虫を食べていました．しかし、この2億年で哺乳類は進化し、地球を支配するまでになりました．現在ではコウモリ、カンガルー、ゾウ（左）、人間などさまざまな哺乳類がいます．

型哺乳類は、ただ大きいという理由だけで危機におちいります．たとえばゾウは広い場所と大量の食べ物を必要とします．ゾウはたとえば5頭のウシと同じ量の餌を食べます．しかし、1つの場所に両方を養うだけの植物はありません．同じ土地の区画が、ゾウとその他の大型哺乳類が食べる草や葉を生やし、同時に人間のために農作物を生産することはできません．農地の拡大の結果、野生動物は不適な生息環境へと追いやられ、数が減少していきます．ときには、大小の野生哺乳類が、もとのすみかに植えられた農作物を盗まざるを得なくなります．すると、それらの動物は有害とされ、銃やワナや毒を使って駆除されます．殺す代わりに、柵などのやさしい方法を使った場合でも、動物たちは、それだけの数を養いきれない狭い場所へ移住することを余儀なくされ、死んでいきます．大型の哺乳類は、人間と同じく、広い土地を必要とするという理由だけで迫害されるのです．1つのゾウの群れを追い払えば、人間100人分の住居と農作物のための余地ができます．人間の数が増えるにつれ、野生哺乳類は押しのけられてきました．たとえば、ケニアでゾウが激減した30年間、人間の出生率は高く、増えた人間の総トン数と、姿を消したゾウの総トン数は、ちょうど同じくらいでした．

ウシやヒツジ、ヤギといった家畜哺乳類は世界中でその数を増やし、野生の近縁種と限られた食べ物を奪い合い、入れ替わっています．

人間による利用

　野生哺乳類の中には，狩りの対象としてとくにねらわれてきたものもいます．たとえば，テキサスオセロット（**7**：54）は毛皮のために，バンテン（**2**：50）は肉のために，あるいはビクーニャ（**9**：12）からは毛を，ゾウからは象牙を，クジラからは脂をとるために，狩猟が行われてきました．過度の捕獲は，個体数の激減を招きます．この場合にも，大型の哺乳類の方が大きな被害を受けます．繁殖が遅く，産子数が少なく，また繁殖齢に達するまでに長い時間がかかるためです．したがって，殺される数が多ければ個体群はこれに対応することができず，一気に縮小します．また，大型哺乳類の寿命は長く，たいていは20年以上生きます．そのため，重金属やポリ塩化ビフェニル（PCB）などの毒物や汚染物質が体内に蓄積され，繁殖ができなくなったり，病気にかかったり，ときには死に至ることもあります．寿命の短い動物にとっては，毒物の蓄積はそれほど大きな問題ではありません．

　クジラや大型の陸生哺乳類の中には，広い地域に低い密度で生息しているものがいます．このような分布状況は，ふつうに生息しているという誤解を招きがちですが，個体が低密度で広く散らばっている個体群は，分断の影響を受けやすいものです．個体群が小さなグループに分解されてしまえば，それぞれの群の個体数は存続するには少なすぎ，次々と消滅していくことになります．また，近縁な家畜と交雑することによって，危機にさらされている哺乳類もいます．

小型の哺乳類

　小型の哺乳類も問題を抱えています．体が小さいため，捕食者や寒さにやられやすいだけでなく，多くは夜行性で人目につきません．知られているすべての哺乳類の少なくとも半分の種が，クマネズミほどかそれより小さい体をしています．すべての哺乳類の3分の1の種がげっ歯類（クマネズミ，ハツカネズミ，リスなど）で，5分の1がコウモリ類です．これらの動物の多くは研究が困難で，たいてい見過ごされています．つまり，私たちは，こうした動物たちの実状を知りません．個体数は不明で，監視もされていません．知らないうちに，その存在が公

生息環境が乱され自然の食物資源が乏しくなると，子が捨てられ，そこで保全活動家が手を差しのべます．これは，コウモリが注射器でヤギの乳を与えられているところです．

コククジラ（**4**：92）の死体です．捨てられた網にからまって，浜に打ち上げられました．車にはねられたり，このように網にかかるなど，世界中の哺乳類が事故で命を奪われています．

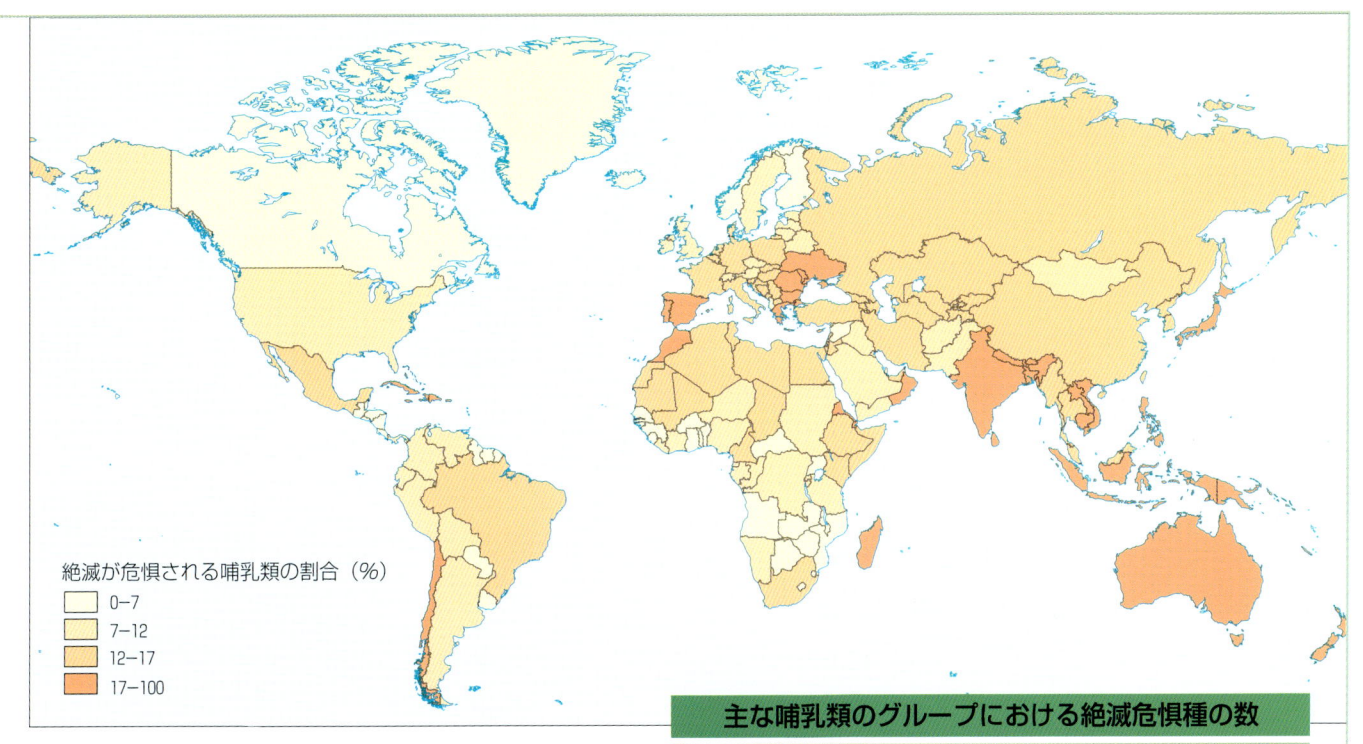

哺　乳　類

絶滅が危惧される哺乳類の割合（％）
- 0–7
- 7–12
- 12–17
- 17–100

絶滅が危惧される哺乳類の割合が高い国々（上）には，オーストラリア，インド，インドネシアなどが含まれます．

哺乳類の30％を占めるげっ歯類は，絶滅危惧種の数がもっとも多くなっています．

主な哺乳類のグループにおける絶滅危惧種の数	
げっ歯類（ハツカネズミ，リス，ビーバー）	330
コウモリ類	231
食虫類（トガリネズミ，モグラ，ハリネズミ）	152
食肉類（イヌ，ネコ，クマ，カワウソ）	65
霊長類（サル，類人猿，キツネザル）	96
有蹄類（ウマ，サイ，カバ，シカ，レイヨウ）	70
その他（クジラ，アザラシ，センザンコウ，ナマケグマ）	152

式に記録されることもなく，多くの動物たちが絶滅しているのかもしれません．

　こうした問題は哺乳類に特有のものです．しかし，それだけでなく，他の動物と同様に，哺乳類も生息環境の破壊に苦しめられています．特定の生活様式に適応してきた種は，木を伐り倒されたり，人間用として魚などの食べ物を大量に奪われることで，大きな打撃を受けます．これは，何よりも個体数の少ない場所でとくに問題となっています．

現在の状況

　哺乳類は約4500種います（鳥類は1万種近く，魚類は2万種を超えます）．この300年間で，およそ80～90種の哺乳類が絶滅し，また多くの亜種や地方域変種も絶滅したり，絶滅寸前になっています．現生の哺乳類の4％が「絶滅寸前（CR）」，7％が「絶滅危惧（EN）」，14％が「危急（VU）」とされています．合計すると，知られている哺乳類のうち4分の1が，かなり危険な状況にあるということです．これは，鳥類で絶滅危惧種が占める割合の2倍にあたります．哺乳類の中でもっとも絶滅の危険性が高いグループは霊長類で，45％が危機にさらされています．

鳥　　　類

　鳥類はあらゆる動物の中でもっとも適応進化したグループに含まれます．北極・南極の氷に閉ざされた荒れ地や高山から焼けつくように暑い砂漠まで，そして遠隔の海洋島や広大なジャングルの奥地から農地，市街地まで，鳥類は至るところにみられます．

　このように鳥類が繁栄した決定的要因は，空を飛ぶ能力を身につけたことです．鳥類の体全体がこの目的のために適応しています．前肢は翼に形を変え，骨質の尾は羽毛の扇になりました．骨は空洞で軽く，あごは歯が並んだ重いものの代わりに，軽い角質のくちばしに変わりました．また，体内のかなりの部分に空気が入った袋があります．黄身のつまった大きな卵を産むことで，体内に重い胎児を入れたまま移動する必要もありません．脳も発達しており，鋭い知覚能力をもっています．

　また，鳥類はきわめて効率的な血液循環と呼吸のシステムをもっており，それによって多くの種が必要に応じて遠く，速く，高く飛ぶことができます．長距離移動の記録をもっているのは鳥類です．ホッキョクアジサシは毎年，南北極間の往復4万200kmを移動します．また，鳥類は飛行速度の記録保持者でもあります．ハヤブサは自力で飛行する動物の中でもっとも速く，時速188kmのスピードで飛ぶことができます．さらに，非常に高いところを飛ぶこともできます．マダラハゲワシは1万1300mの高さで飛行機と衝突しました．

　鳥類のすぐれた飛行能力の鍵は，羽毛の進化です．羽は，他の動物にはない際立った鳥類の特徴です．羽はケラチンでできています．ケラチンは，人間の髪や爪と同じ物質です．羽は飛行のほかにも，断熱，色によるカモフラージュやコミュニケーション，防水などさまざまな機能を果たします．

　飛行能力を得たことにともなう制約を考えると，鳥類の外見や生活様式はきわめて変化に富んでいます．鳥類は，魚類を除く他の脊椎動物よりはるかに多種多様で，種類は約9800種，哺乳類の種の2倍以上です．

飛ばない鳥

　鳥類の大多数は飛ぶことができますが，なかには進化の過程で飛行能力をなくした鳥たちもいます．走鳥（現生のダチョウやキーウィなどを含む，飛ばずに走る鳥）やペンギン，フクロウオウム（**3**：12），絶滅したオオウミガラス（**3**：20）やドードー（**7**：74）などです．

　捕食者のいない島々や場所に生息し，飛んで逃げる必要がなかった鳥たちにとって，飛ばないことは上手なエネルギーの節約法でした．しかし，飛べなくなった結果，多くの種が，入植者によって持ち込まれたネコやイヌなどの捕食者に攻撃されるようになりました．

鳥類の歴史

　鳥類は1億6000万年前に爬虫類から進化しました．この2つのグループ（綱）の動物たちは，頭骨や耳骨，下あごの細部や卵などに，数多くの共通する特徴をもっています．

　爬虫類のどのグループが鳥類に進化したのかという問題については意見がさまざまに分かれていますが，たいていの研究者は，後肢で走っていたコエルロサウルスという小型で敏捷，軽量な獣脚類の恐竜が直接，鳥類に進化したと考えています．

イエスズメは世界中でもっとも繁栄している鳥の1つです．しかし，この適応性の高い種も，各地で減少しています．

鳥類

適応放散

　顕花植物と昆虫の急速な進化によって，果実や花蜜，昆虫を餌とする鳥，とりわけスズメ目の鳥たちが爆発的に増えました．現在，スズメ目の鳥類は世界中のすべての鳥の種の半分以上を占めています．

　1000〜500万年前までに，鳥は実に広く異なる属に多様化し，現在までその多くが子孫を残しています．昆虫よりも小さいマメハチドリ（**8**：66）から，オスでは背丈が3mにもなるダチョウまで，現生の鳥類は大きさもさまざまです．しかし，こうした驚くべき鳥類の多様性も，人間が鳥の生存に与える影響によって低下しています．

なぜ鳥類は危機にさらされているのか

　現在，鳥類はさまざまな脅威にさらされていますが，その99％以上は人間の活動が原因です．生息環境の破壊と劣化が最大の脅威で，絶滅が危惧される鳥類の85％が影響を受けています．次に大きな脅威となっているのは直接的な利用で，31％が被害を受けています．トモエガモ（**4**：38）のように食料としてとらえられたり，国内および国際商取引のために数百万羽がワナで捕獲されたりしています．国際商取引は，オオバタン（**3**：48）などのオウム類にとくに深刻な被害を与えています．

　3番目に大きな脅威は，人間が持ち込む外来動物で，とくに島では被害が大きくなります．1800年以降に絶滅した鳥のほとんどすべてが島にすんでいた種で，無防備なために，人間が持ち込んだ捕食者の格好の餌食になりました．現在，絶滅危惧種の4分の1が外来動物の脅威に直面しています．グアムクイナ（**4**：86）は，外来のヘビに食べられ，野生では絶滅しました．このほかにも，ヤギなどの草食動物や自然の植生を押しのける外来の植物が原因で，生息環境が悪化するといった被害を受けている鳥もいます．

　病気は，鳥類に壊滅的な被害を与えます．人間が持ち込んだ蚊によって広がった鳥マラリアは，ハワイの多くの固有鳥類を絶滅させた要因の1つだと考えられています．

　その他の脅威としては，汚染，酸性雨，石油もれなどがあげられます．また，長期的には，人間が引き起こしている気候の温暖化も，多くの鳥にとって大きな脅威になるでしょう．海流の変化は，ガラパゴスペンギン（**4**：44）をはじめとする海鳥に，すでに深刻な影響を与えています．また，海鳥は過剰な漁による被害も受けています．ワタリアホウドリ（**10**：96）のように，偶然にはえ縄の針に引っかかって膨大な数が殺されているものもあります．故意であれ偶然であれ，毒物もシロエリハゲワシ（**6**：68）などの絶滅危惧種に打撃を与えています．また，戦争，観光や散策，登山，水上スポーツ，ときには保全活動家の手によって，とくに繁殖を行っている群など，警戒心の強い鳥が混乱するといった被害もあります．

有史以前の鳥類（数字は年代順）．歯をもち潜水できる海鳥（1, 2），飛べない大型の食肉鳥（3, 5），コンドル（4）やフラミンゴ（6）の祖先，飛行できる最大の鳥（7）．

現在の状況

現在，世界中の約9760種の鳥類のうち，8分の1にあたる1186種が，なんらかの保護活動にもかかわらず絶滅の危機に瀕しています．そのうち182種が「絶滅寸前（CR）」，321種が「絶滅危惧（EN）」，680種が「危急（VU）」，727種が「低リスク（LR）」の「準絶滅危惧（LRnt）」に分類されています．また，カーボベルデ共和国のアカトビ（**2**：10）など多くの亜種も危機に直面しています．

1660年にドードー（**7**：74）の最後の1羽が死んでから，すでに120種が絶滅しています．その原因のほとんどが人為的なものです．自然の進化速度のもとでは，100年に1種の鳥が絶滅すると考えられています．しかし，この200年で103種が絶滅しており，これは自然に起こる絶滅の50倍にあたります．

毎年，1，2種の鳥が生物学者によって新たに発見されています．場所は主に熱帯地方です．その多くは個体数がきわめて少なく，消えつつある生息環境にすみ，狭い範囲に分布しています．そのため，科学的に確認される前にすでに危機に瀕しています．

世界中，あるいはほぼ全世界でみられる鳥は，ほとんどいません．すべての大陸で存在が記録されているのは，メンフクロウとアマサギだけです．オウム科の鳥類は他のいずれの科よりも世界的にみて絶滅のおそれのある種の数が多く，商取引を目的としたワナによる捕獲が生息環境の損失よりも深刻な問題となっており，地域的にも世界的にも大きな脅威となっています．

絶滅危惧種の多い地域

絶滅危惧種の鳥類がいちばん多くみられる12カ国のうち，7カ国は南北アメリカの国々です．絶滅危惧種がもっとも密集している地域は，ブラジル大西洋側の森林と，コロンビアとエクアドルにまたがるアンデス山脈北部です．

1650年以降に絶滅した鳥類の約半分が，オセアニアに生息していた種です．オセアニアは，太平洋中央部と南部，そこに隣接する海に浮かぶ島々で，オーストラリア，ニュージーランド，ニューギニア島，ニューカレドニア島，ソロモン諸島，フィジー諸島，そしてメラネシア，ミクロネシア，ポリネシアが含まれます．

ヨーロッパと中東にしかみられない絶滅危惧種は割合に少ないものの，これらの地域で危機に瀕している種は渡り鳥で，夏の繁殖地と越冬地の間を移動します．この移動によって，さまざまな脅威にさらされることになる場合が多いのです．

絶滅危惧種の多い生息環境

絶滅が危惧される鳥の多くは，特定の環境に生息しています．絶滅危惧種の74％がほぼ完全にたった1つの環境タイプに依存しているのです．これらの鳥のうち，森林に生息しているのは75％で，さらにその93％は熱帯，82％は湿度の高い森林に限られています．

2番目に重要な生息環境は草地，低木林，サバンナで，世界中の絶滅危惧種の鳥の32％が生息しています．また，湿地（とくに淡水の湿地）も重要で，全絶滅危惧種の鳥の12％が依存しています．

保全活動

鳥類を保全する理由はさまざまです．鳥たちは魅力的な生き物で，何世紀にもわたって人間は鳥から創造的刺

*鳥類はさまざまな脅威にさらされています．キタタテジマキーウィ（**4**：64）（上）は，外来捕食者によって危機に瀕しています．また，汚染も大きな脅威です．このケープペンギン（左）は沈没した貨物船から流れ出た石油にまみれています．*

鳥類

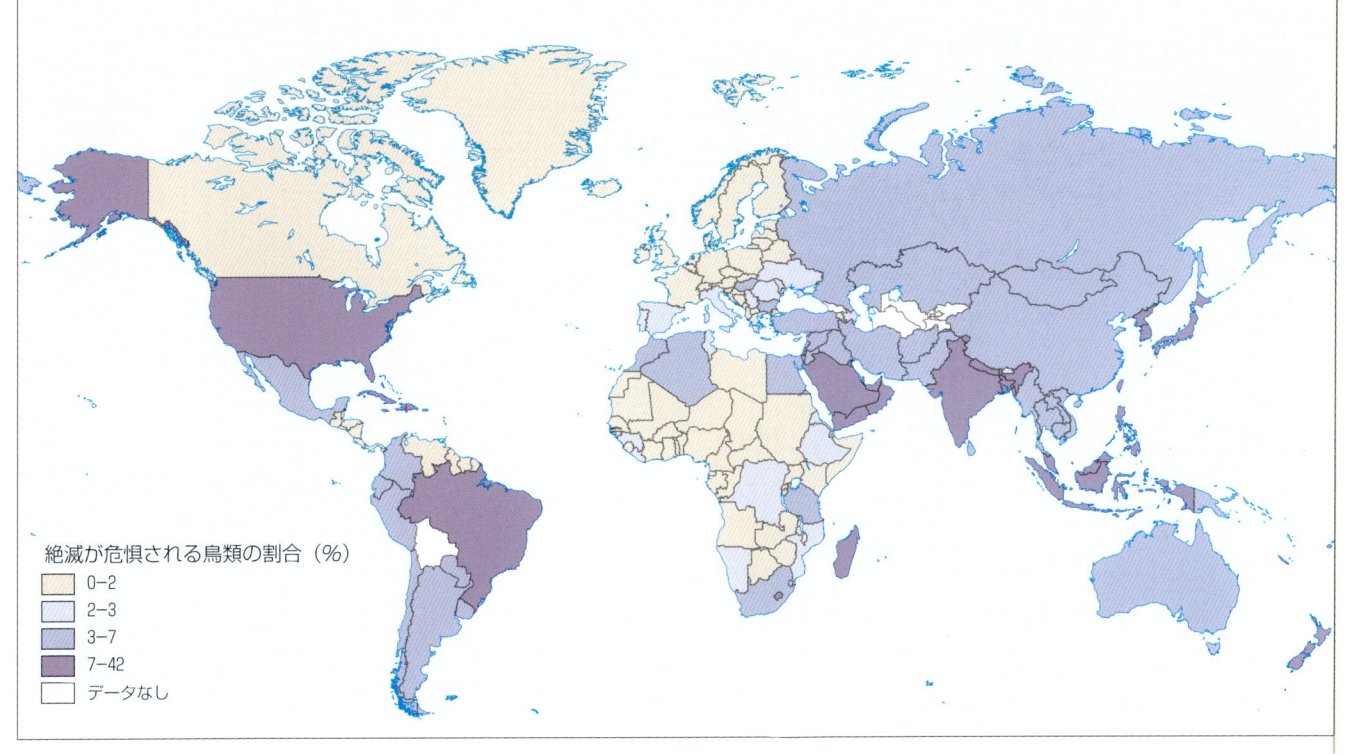

絶滅が危惧される鳥類の割合（％）
- 0–2
- 2–3
- 3–7
- 7–42
- データなし

世界における絶滅危惧鳥類の分布．鳥類の絶滅のおそれのある種の75％近くが，地球上の陸地の5％以下のところに集中しています．

激を受け，そして鳥のことを気にかけてきました．鳥は環境の状態をはかる指標となる点で，きわめて重要な役割を担っています．鳥が豊富に生息する地域は，他の動物の多様性にも富んでいます．逆に，鳥が絶滅の危機にさらされていれば，生物多様性全般が損なわれ，生態系が破壊されていることが多いのです．

ヘラシギ（**6**：32）のように，国境を無視して世界中を移動する鳥を保全するには，国家間の念入りな協調が必要です．バードライフ・インターナショナルは，鳥類とその生息環境を保全するために，全世界100カ国以上の保護団体が共同運営している組織です．

生息環境の破壊と劣化が最大の脅威であるため，バードライフ・インターナショナルは全世界で約2000カ所に及ぶ「鳥類重要生息地（IBAs）」を特定するプログラムをつくりました．絶滅の危機に瀕する鳥を救うもっとも効果的な方法は，鳥たちが影響を受ける前にその生息環境を保全することです．しかし，マダガスカルやハワイ，ニュージーランドのように，生息環境の消失や外来の動物，その他の複数の要因から問題が起こっている場合は，多大な費用をかけた徹底的な保全計画が必要となります．

保全活動家が直面している別の問題は，絶滅危惧種の生息範囲，生息数，生態に関する十分な情報がないということです．このような情報を得ることは，保全活動家にとって大切な仕事です．絶滅が危惧される鳥とその生息環境に関する情報は，鳥たちのためになるような行動を起こすために，また地域，国家，国際的な取決めを立案し施行するために，政府，業界，その他，決定権をにぎる人々を説得する際にきわめて重要です．

魚　　類

　誰でも，魚とはこういう生き物だと知っています．いえ，少なくとも知っていると思っています．魚という言葉を細かく探っていくまでは．

法則の例外

　水中にすんでいれば魚類だなどというのは，もちろんまったくばかげています．イルカ，クジラ，ヒル，ロブスター，ナマコ，その他たくさんの水生生物を考えれば，すぐにこれが誤りだとわかります．それでは，うろこがあるのが魚かというと，これもまた間違いです．ワニ，カメ，トカゲなど，魚類ではなく爬虫類にもうろこがあります．鳥も足にうろこがあります．

　また逆に，すべての魚にうろこがあるわけでもありません．たとえば，ピメロドゥス科のナマズにはうろこがありません．このほかにも，うろこのない魚はたくさんいます．えらであれば，すべての魚がもっています．しかし，魚類以外にも，えらをもつものがいます．イモリやサンショウウオの幼生，そして驚くべき幼形成熟をするメキシコサラマンダー（**6**：22）にもえらはありますが，魚類ではありません．

　それでは，このような定義はどうでしょうか．「魚類は水生でえらをもち，ひれがある」．しかし，これもまた間違いです．コウイカとイカは水生で，えらを使って呼吸し，ひれをもっていますが，軟体動物です．コウイカとイカが魚類と大きく違うのは，内臓が外套膜腔の内側にあることです．

　魚類には外套膜腔がありませんが，その代わり骨があります．しかし，コウイカにも甲が，イカにも軟甲があります．ヒトデとそれに近い仲間のウニも同じで，骨格として表層組織に覆われたカルシウムの板をもっています．魚にあってコウイカとウニにないものは頭骨（脳函，あるいは頭蓋）です．いよいよ，これが決定的な特徴でしょうか．そうでもありません．もし，頭骨をもつことが魚類の条件の1つだとすれば，ヤツメウナギなどのあごのない魚（無顎綱）も本当の魚だということになります．しかしヤツメウナギなどは，軟骨からなる下向きの樋のような一種の頭骨をもっているものの，一般に魚類とはみなされません．無顎類は，魚類にはない特徴をもっています．背骨がなく，耳の半規管は3つではなく2つで，えらがふつうの魚とは逆さについています（無顎類のえらは内側を向いています）．こうした特徴を考慮すれば，この仲間は真の魚とはいえません．さらに，無顎綱には，その名のとおりあごがありません．

　以上すべてのことから出てくる避けがたい結論は，魚

遠海にすむマンボウは大海原の巨大な魚です．一般的な魚のイメージとはちょっと違います．

サケとその親類の魚たちは，私たちが連想する魚としての標準的な特徴をもっています．しかし，それらの特徴がすべての魚に共通しているわけではありません．

魚　類

で行う．
- 体がうろこで覆われる（例外がある）．
- 浮力調整のための浮袋（鰾，うきぶくろ）がある（サメなどの例外がある）．
- 頭と尾を結ぶ線上にある側線と呼ばれる感覚器官，あるいは一連の感覚孔をもつ（サメなどの例外がある）．
- 冷血（変温）動物であり，体温は環境の温度と一致する（マグロのように周囲の水温よりもはるかに高く体温を上昇させる例外もある）．

魚類の歴史

一般に，最初の生命はおよそ30億年前に水の中で誕生したと考えられています．しかしその後，数百万年もの間，複雑な生き物の誕生につながる変化は起こりませんでした．最初に無脊椎動物と呼べるようなものが出現したのは，それから実に24億年を要したのです．その後，急激に進化の速度は増し，約1億2000万年という比較的短い期間で，最初の脊椎動物が現れました．4億8000万年前の化石として知られるこの水生動物が最初の魚類です．あるいは，この生き物は少なくとも魚類とされることが多いのです．しかし，数々の基準に照らすと，この生き物は現代の魚類とはずいぶん違います．にもかかわらず，この生き物がもととなって，魚に限らずあらゆる脊椎動物が進化したのです．

最初期の魚類にはあごがありませんでした．この特徴は，ヌタウナギやヤツメウナギといった現代の水生脊椎動物に受けつがれています．さらに4000～5000万年を経た後に，あごをもつ最初の魚（棘魚類）が現れ，これらが現代の魚へと進化しました．その過程では，数多くの種が絶滅しています．その中には棘魚類も含まれ，現れてから約1億5000万年後に姿を消しました．別のグループである胴甲類の歴史はさらに短く，4億年前に出現した後，7000万年で滅びました．

もちろん，化石記録は完全ではないため，部分的な情報に頼らざるを得ない場合もあります．しかし，大まかな結論を導き出すには，

類というものは存在しないということです．

常識的な扱い

魚類という言葉を使うにあたっては，意味がきわめて広い言葉であるということをよく理解しておかなくてはなりません．この用語は，4本足の動物を意味する四足類という言葉と同じくらい広義です．

「魚類」とは，一般に，次の2つのグループに分けられる水生生物のことを指します．
- 軟骨性の魚（軟骨魚綱）：サメ，エイ，ギンザメなど約700種．
- 硬い骨のある魚（硬骨魚綱）：グッピーからタツノオトシゴまで，他のすべての種，2000種以上．

困難と多数の例外があるとしても，魚と判定するための特徴を列記すれば，次のとおりです．
- 軟骨か硬骨でできた頭骨とひれの骨格をもつ．
- ひれをもち，通常は（必ずではないが）棘条（きょくじょう）か鰭条（きじょう）がある．
- 呼吸は，鰓蓋（さいがい，えらぶた）に覆われた外向きのえら（体の外側に開いたスリット状の1つのえら孔，または一続きの鰓裂（さいれつ））

前向きに巻いた尾とウマのような頭をもつタツノオトシゴは，魚にはみえないでしょう．しかし，この動物も魚類に含まれます．

化石記録は十分広い範囲にわたり，また代表的なものを含んでいます．たとえば，ビチャー（ポリプテルス科）はおよそ1億3500万年にわたって生息していたこと，あるいは肺魚（豪州肺魚科と南米肺魚科）は4〜3億年前のデボン紀までさかのぼる長い歴史をもっているといったことがわかっています．

「生きた化石」と呼ばれる生き物の中でもっとも有名なものがシーラカンス（**6**：64）です．もっとも古いシーラカンスの化石はデボン紀の岩石に発見され，最後のものは7000万年前の堆積物でみつかっています．その後の時代にシーラカンスの化石は発見されていないため，絶滅したものと思われていました．ところが，1938年，インド洋のコモロ諸島の沖合で，生きているシーラカンスを漁師が発見しました．その後，他の個体もみつかり，この興味深い魚がもっとも古い化石からほとんど変化していないことなど，さまざまな事実が解明されました．

なぜ魚類は危機にさらされているのか

地球上に人間の影響を受けていない場所はほとんどありません．しかし，こうした影響が，特定の種にとっては存続の支障とならない場合もあります．それどころか，人間の影響から恩恵をこうむっている動物や植物があります．たとえばイエスズメやドブネズミです．もし人間の，あるいは人間の影響を受けた環境の近くにすんでいなければ，現在のように数が多くはならなかったと思われる動物はほかにもたくさんいます．しかし，概して人間は動物を圧迫しているといえます．

魚類も，他の動物と同じく，生息環境の変化に対応しなければならなくなっています．ダムや貯水池，水路の建設は，ダニューブサーモン（**7**：26）やバルトチョウザメ（**7**：40）といった移動性の魚が川上の産卵場所へたどりつこうとするときに越えられない障害となります．最悪の場合，その地域の個体群，あるいは種までもが絶滅する可能性があります．

水質や移動ルートの変化ではなく，限られた地域に分布することが深刻な脅威となる例がたくさんあります．たとえばデビルズホールパプフィッシュ（**7**：56）やバンデューラバルブス（**9**：6）のように生息域が極端に限られてしまうと，存続を確実にするために緊急手段が必要となります．

皮肉なことに，他の種の魚が大きな脅威となっている場合もあります．自然分布域の外へ魚が導入される例は数多くあります．マスのように釣りの楽しみのために行われる場合，またはビクトリア湖に導入されたナイルパーチのように，地域住民に新しい動物タンパク源を供給するといった目的や，さらには，マラリア蚊を駆除するために広くカダヤシが導入されているように，病気を退治することが目的の場合もあります．

こうした導入の結果，外来種が在来種にとって脅威となることが多いのです．成魚や稚魚，卵が直接食べられ

有史以前にも，現代と同じように捕食者，被食者，腐肉食者がいました．巨大なグリプトレピス（1）は小さなパレオスポンディルス（2）の群れを狩り，プテリクチオデス（3）は水底のゴミをあさりました．

魚　類

油もれによって死んだニジマスです．水質汚染は世界中で魚類の存続に深刻な脅威を与えています．

現在の状況

2000年版のIUCNレッドリストは，「とくに川に生息する種の状況は，きわめて深刻に悪化している」兆候があるという結論を下しています．

1996～2000年に，レッドリストでは18種が増えました．一見したところ，これはさほど劇的な変化には思えません（下表参照）．しかし，数字からは，この4年間で追加された種の多くが淡水魚であることがわからないのです．たとえば，現在，北アメリカ産淡水魚の35%以上が絶滅の危機に瀕しています．IUCNは，「これから3年間，種の保存委員会がこれらの種にもっと注意を払えば，淡水魚が世界的規模で危機に瀕していることが認識されるであろう」としています．

以前よりも記録精度が正確になった結果，レッドリストの掲載種の数も増えたという可能性を考えれば，私たちはさらに深刻な状況に直面していることになります．この流れを逆にするために，私たちはできる限りの行動を起こさなくてはなりません．

たり，生息地や食べ物や産卵場所を争ったり，あるいは単純に外来種の繁殖率が固有種より高いこともあります．この図鑑セットでも，モハーラカラコレラ（**10**：38），シクリッド類（**6**：34），ゴールドソーフィングーデア（**5**：86），レイクワナムレインボーフィッシュ（**10**：72）など，同様の脅威に直面している魚を紹介しています．

魚をとりすぎることも，生息数に影響を与える大きな要因です．過剰な漁が原因で危機にさらされ，全面的，あるいは部分的な漁の禁止をはじめとする思いきった対策をとってはじめて絶滅を防ぐことができそうな種もあります．マグロ，タラ，サメなど，さまざまなものがこうした例に含まれますが，このような魚はほかにもたくさんいます．

魚類の絶滅危惧種の数		
	1996年	2000年
絶滅寸前（CR）	157	156
絶滅危機（EN）	134	144
危急（VU）	443	452
合　計	734	752

1996～2000年に，魚類の絶滅危惧種は18種増加しました（上記本文参照）．

爬虫類

　他の動物と同様，爬虫類もいくつかのグループに分類されます．ワニ類，トカゲ類，ムカシトカゲ（**7**：70），ヘビ類，カメ類（陸生と水生）です．爬虫類はすべて冷血動物であるとされています．より正確には「外温性」と呼ばれ，哺乳類や鳥類とは異なり，体内で熱を発生することができず，体温を上昇させるために日光などの外的な熱源に依存しています．体が十分に温まれば，摂食などの通常の活動を行うことができます．外温性の爬虫類は少量の食べ物で生存でき，食料の乏しい砂漠をはじめとするあらゆる環境に生息します．ただし，つねに凍結している土地では生きることができません．鳥は羽毛で，哺乳類は毛で覆われていますが，爬虫類はうろこで体が覆われています．ただし，うろこが小さく滑らかで，ほとんど皮膚のようにみえる場合もあります．

　爬虫類は，独自の特殊な環境に生息できるように，実にさまざまな形，大きさ，色，その他の特徴を進化させてきました．新たな環境に適応できる種もありますが，大部分は特殊な生息環境や条件に依存しています．たとえば，海生のカメと陸生のカメの一部は完全に水生で，産卵時以外は陸に上がりません．一方，ウミイグアナ（**2**：50）やキマダラチズガメ（**4**：20）のように，ほとんどの時間を陸上で過ごし，採食だけを水中で行う水生の爬虫類もいます．トカゲは，爬虫類の中でもっとも多様性に富んだ体形をしています．ヘビのように細長く手足のないものもいれば，肢が2本しかないものもいます．また，トカゲの中には穴を掘って，ほとんど地上に出てこないものもいます．爬虫類の移動スピードもさまざまです．陸生のカメは一般に動きが遅く，防御のために甲羅の中に引きこもるため，簡単につかまえられます．トカゲの中には，ふだんはゆっくり移動するものの，必要なときには一気に素早くなるものもいます．その他の爬虫類は，だいたい機敏で素早く動きます．

　ヘビとトカゲには，いくつか異なった生活様式があります．水生，陸生，樹上性，半水生のものがあり，地下生のものもいます．多くの爬虫類が，他の動物が使わなくなった穴に隠れたり，あるいは自分で穴を掘ります．また，岩や木の下に隠れたり，土の中に避難するものもいます．爬虫類の多くは昆虫を食べるため，人間にとって有益です．また，ネズミ類を食べ，その数を抑えている爬虫類もいます．

西アフリカに生息するセネガルカメレオン（下）です．カメレオン類は，特殊な生活様式を進化させた多くの爬虫類の1つです．そのため，環境の変化に対応することが容易ではありません．

アオウミガメ（上）とその卵は，古くから人間の食料とされており，近年では，これが大きな脅威となっています．

爬虫類の歴史

　化石から知られている最初の爬虫類は，3億1500万年前に生息していたと考えられています．そして，その後の数百万年で，実に多様な爬虫類へと進化しました．恐竜が絶滅した時代を生き延びた爬虫類は，現在私たちが目にする姿へと，しだいに発展してきました．ワニ類とカメ類の2つのグループは，祖先よりも小さくなっていることを除けば，6500万年の間ほとんど変化していません．1600年以降，21種の爬虫類が絶滅し，454種が絶滅の危機に瀕しています．

なぜ爬虫類は危機にさらされているのか

　ある特定の種の減少は，さまざまな原因が組み合わさって起こっていますが，あらゆる動物に対する最大の単一の脅威は生息環境の破壊です．爬虫類の生活様式や特徴は，人為的な脅威に対して被害を受けやすくしています．生息環境の破壊は，土地の開墾などさまざまな形で起こり，爬虫類の多くはその変化に対応できません．

　土地の開発は，木を伐り倒したり，焼き払ったり，あるいは大型の建設機械を使って行われます．樹上性の爬虫類は，木が失われることによって大きな被害を受けます．カメレオンはさまざまな地域で森林伐開の脅威にさらされています（ミノールカメレオン **10**：28）．カメレオンは，深く裂けた足先と巻きつくのが上手な尾をもつなど，樹上生活にみごとに適応した例です．放置された農地にできる2次林での生活に適応できる種はごくわずかです．土地が農作物や家畜に奪われれば，もともとの植生はなくなります．開墾の間に殺されなくても，移住できるような適切な生息環境が近くになければ，爬虫類たちは死に絶えていきます（ヘサキリクガメ **4**：26）．

　火災は自然にも起こりますが，とくに動きの遅い動物にとっては脅威です（サバクゴファーガメ **4**：24，ホシヤブガメ **4**：28）．しかし，穴に避難して生き延びる動物もいます（トウブインディゴヘビ **9**：72）．一方，とりわけマダガスカルやインドネシアなどの地域では，意図的に行われる焼払いは，ときに制御不能になり，動植物に災害をもたらします．

　森林破壊は，とくに川岸の土壌侵食を引き起こし，数多くの淡水生カメの産卵場所を奪います（スッポンモドキ **6**：80）．そして，土壌侵食が原因で川が浅くなるため，浚渫機を使って川底から沈泥を取り除き，深くする必要性が出てきます．これによって，動物たちの生息環境はさらに破壊されます．そして，川から海へ流れ出た沈泥は，海ガメ類が食べ物としているサンゴ礁を破壊します．人々の住居のために川岸の土地を伐開している国もあり，地域住民と水生の爬虫類との間で摩擦が起こっています（インドガビアル **2**：82）．

　近代的な建設機械は，素早く移動できないあらゆる生物を殺傷しながら，広大な生息環境をあっという間に変えてしまいます．冬眠や夏眠をしていたり，ただ隠れているだけの爬虫類までが，土地の開墾による被害を受けます．耕作は，草地の隔離された場所に生息する生き物にとってはとくに脅威です（コアオジタトカゲ **7**：64）．土地を耕すことによって，特定の爬虫類の個体群全体が根絶される可能性があります．さらに，地中に埋められた卵まで壊されてしまいます．とくに産卵数の少ない種は，個体数を増やしにくいため，耕作による被害が

地球上に生命が誕生してから，このようなさまざまな大型陸生・海生爬虫類が絶滅しました．絶滅は自然な過程の一部ですが，人口の増加による影響は，数多くの動物を襲う危機に拍車をかけています．

トカゲは多種多様で幅広い地域に生息しているため、私たちにとってもっともなじみ深い爬虫類でしょう。ホウセキカナヘビ（1），ニシアフリカトカゲモドキ（2），セイブスジトカゲ（3），アオジタトカゲ（4），バートンヒレアシトカゲ（5），コロラドシマハシリトカゲ（6）．

エメラルドツリーボア（上）は樹上で採食し産卵するため、熱帯雨林の破壊によって絶滅の危機にさらされています．こうした生息環境の破壊は、膨大な数の昆虫をも滅ぼしています．昆虫は食物連鎖の重要な一部で、爬虫類の中でもとりわけトカゲ類の食べ物となっています．

大きくなります（タテガミフィジーイグアナ **2**：56，ヒョウモンナメラ **9**：22）．

　農業と工業は、化学的汚染や廃棄物などによって、生き物にさらに脅威を与えます．汚染の影響は多岐にわたります．たとえば、農薬の散布が、トカゲが食べ物としている昆虫を根絶したり、あるいは爬虫類を直接汚染することもあります（マルハナヒョウトカゲ **7**：68）．カメには、汚れていないきれいな水が必要です．ある種の汚染にいくらか耐えることができるカメもいますが、食べ物としている水生生物が汚染によっていなくなれば大きな打撃を受けます．

　農業や建設事業のために行われる湿地の排水は、生息環境の連続的減少をある種の動物にもたらします．生息地は断片化され、動物たちは数カ所に孤立し、互いに接触することができなくなります（ジャマイカボア **9**：80）．こうして近親交配が進み、結果として虚弱な、あるいは奇形の子が生まれ、将来の世代の繁殖力が低下し、存続がおびやかされます．

　人間のレジャー活動も爬虫類に影響を与えています．何千年もの間、海ガメが産卵場所としていた浜辺が、開発によって姿を消しています（タイマイ **7**：18）．ヘビやトカゲといった爬虫類は、旅行者が怖がるという理由で殺されています（イビーサカベカナヘビ **4**：10）．オフロード車は爬虫類の巣穴に大きな損傷を与えます（ヒラオツノトカゲ **7**：66，アメリカドクトカゲ **7**：62）．

狩猟と搾取

　爬虫類をわざわざ殺すことは，かなり広くみられる行為です．爬虫類はすべて有害だと思っている人々はたくさんいます．しかし，実際に人間にとって危険な爬虫類はごくわずかです．アリゲーターやワニといった大型の爬虫類は，人間に危害を加えることがあり，家畜を食べたりもするため，しばしば殺されています（アメリカワニ **2**：34，ヨウスコウアリゲーター **2**：40）．また，こうした爬虫類は「大物」として，楽しみのために狩られてきました．さらに，爬虫類の中には，世界中のさまざまな地域の住民の主食となっているものもいます．過剰な捕獲は種の存続に深刻な脅威を与えます（ガラパゴスゾウガメ **4**：18）．カメやトカゲの卵は人間の食料となっていて，他の要因と組み合わさって危機を招いています．また，皮や甲羅を目当てに殺される爬虫類もいます．さまざまな地域で，膨大な数の爬虫類が伝統薬として使われています．その爬虫類が珍しいほど，その価値は高まります．

　ペットとしての商取引も，爬虫類の数を減らす原因として非難されています．いくつかのケースでは，実際に問題が起こっています（イビーサカベカナヘビ **4**：10）．商取引に関する制限はしだいに厳しくなっているものの，皮や食料，薬として利用することを目的とした密輸が世界的規模で行われています．

島に生息する爬虫類への脅威

　島にすむ爬虫類は，人間の食料としての収集（ガラパゴスゾウガメ **4**：18），生息環境の破壊（ミロスクサリヘビ **9**：74），食べ物をめぐる競争（コモドオオトカゲ **5**：76），自然災害（ギュンターヒルヤモリ **4**：78）などの影響をきわめて受けやすいものです．多くの島々では，逃げて繁殖したヤギやブタによって植生が食い荒らされ，壊滅的な結果をもたらしています（グランドケイマンイワイグアナ **2**：54，タテガミフィジーイグアナ **2**：56）．ネズミやネコ，イヌなども数多くの島々に移住しています．これらの動物の数を減らす捕食者が島にいない場合，限られた島の環境にすむ爬虫類の命を奪っています（ジャマイカボア **9**：80，アンティグアレーサー **2**：44）．

ワニの頭部でできた灰皿です．こうした悪趣味な土産品は，私たちにとって不可欠なものとはいえないでしょう．しかし，それでも多くの人々がつい買い求めます．こうした品物は絶滅危惧動物を使ってつくられていることも多く，販売や輸入は多くの国々で違法とされています．

現在の状況

　種の絶滅は自然に起こる場合もありますが，通常は数千年，あるいは数百万年もの時間がかかります．現在，人口の増加にともない，絶滅の速度は増しており，今後明らかに加速されると考えられています．「絶滅危惧（EN）」に分類されている爬虫類は，種の総数のうちの比較的少数ですが，その他の多くの爬虫類も，「絶滅危惧（EN）」の種と同様の脅威に直面しています．ガラパゴスオカイグアナ（**2**：52）やガラパゴスゾウガメ（**4**：18），コモドオオトカゲ（**5**：76）といった種は，他の爬虫類よりも人目をひくため，その窮状が，これらの動物をよく知られた保全活動の対象としています．

　今後も保全の試みは続けられるでしょう．しかし，人口増加による生息環境への圧力によって，絶滅してしまう種もあるでしょう．動物園やその他の施設には限られた場所と資金しかないため，飼育される動物の数も限られてしまいます．野外での保全活動でも資金が限られており，地元住民の支援を必要とします．住民がおそれたり嫌っている動物が，守る価値のあるものだと説得することは困難な場合もしばしばあります．しかし，そういった住民の考え方も，しだいに変わりつつあります．

両　生　類

　両生類は，その名前が示すように，ふつう2通りの生活様式をもっています．水中と陸上の両方で過ごすのです．ただし，現生の5000種の多くはそうであるものの，これに当てはまらないものもいます．完全に水生で決して陸に上がらない両生類もいれば，まったくの陸生で水の中では過ごさないものもいます．しかし，両生類はすべて水気の多い湿った場所に依存します．両生類の多様性は，驚くほどさまざまな水分利用の仕方に関わっています．両生類の生活史は，卵，幼生，成体の3段階からできています．カエル類の幼生は，オタマジャクシと呼ばれます．生活史もさまざまで，3段階のうちの1つがない場合もあります．たとえば，幼生の段階が卵の中で完了し，小さな成体となって孵化する種もあります．また，幼生の姿が成体期まで維持されるため，成体は基本的に大きな幼生の姿をしているといった種もあります（この現象は幼形進化（ネオテニー）と呼ばれます）．

　両生類が水気の多い場所に依存するのは，生活史のどの段階においても，蒸発によって水分が失われることを防ぐ保護皮膜をもっていないためです．両生類の卵の殻は，爬虫類や鳥類のように硬くなく，幼生と成体の皮膚は薄く，うろこや不透水性の層がありません．

　両生類は外温性（冷血動物）で，体の熱を外部から得るため，日光浴をすることもあります．したがって，両生類の活動のレベルは天候に大きく左右され，気温の低い日は不活発で，動きもゆっくりしています．気温は，卵が幼生に，幼生が成体になるスピードにも影響します．暖かい環境では，成長は速くなります．外温性の動物はごく少量の食べ物で生活でき，食べずに長期間を生き延びることができます．食べ物が豊富にある場合は，脂肪として大量に体内に蓄えます．こうすることによって，寒い冬や日照りの続く夏など条件の悪いときも生き残ることができます．砂漠にすむ両生類の中には，地中に埋まったまま1年以上生きることができるものもいます．

変　態

　両生類の一生を他の脊椎動物と大きく異なったものにしている特徴は変態です．両生類は，幼生から姿を変えて成体へと成長します．とくにカエルやヒキガエルなどでは，この過程で，呼吸や運動に関わる構造上，生理学上の劇的な変化に加え，四本の足が生えて尾がなくなるなど，解剖学的にも大きな変化がみられます．両生類の多くは，幼生の時期は外鰓（がいさい，そとえら）で水から酸素を吸収し，成体になってからは肺を使って呼吸をします．しかし，ほとんどすべての両生類が，必要な酸素の一部を皮膚を通じて吸収しています．

多様な移動能力

　両生類は運動の仕方においてもきわめて多様です．数多くの種が複数の移動方法をもっています．水生のサンショウウオやイモリは，体を左右にうねらせて魚のように泳ぎます．一方，カエルやヒキガエルは，尾がなく，柔軟性のない短い体をしているため，足で水をかいて泳ぎます．多くの両生類は穴を掘ることに適応しています．穴掘りをするカエルやヒキガエルの足は，土を動かすことができるように，角質で，鋤のような形をしています．アシナシイモリは，足がないためミミズのように穴を掘ります．アマガエルは，とても上手に岩や木をのぼります．手足の指先に吸盤がついており，滑らかで垂直な面にもくっつくことができるのです．多くのカエルはみごとなジャンプをします．長くなった後肢によって，体長の何倍もの距離を跳ぶことができます．簡単な飛行ができるカエルも何種かいます．みずかきのある長い指をパラシュートのように広げて，木から木へと滑空して跳び移ることができます．

多様な繁殖方法

　両生類は繁殖方法も多種多様です．カエルやヒキガエルの大部分と，サンショウウオのうちの原始的なものは，体外受精を行います．生まれてすぐの卵に，オスが精子をかけるのです．ほとんどのサンショウウオとすべてのアシナシイモリは，体内受精を行います．アシナシイモリにはペニスのような挿入器官がありますが，サンショウウオとイモリは，精子を精包と呼ばれるカプセルに包んでメスに渡します．これは脊椎動物の中では独特な繁

両　生　類

カエル類の繁殖方法はさまざまです．多くは水中に産卵しますが，マジョルカサンバガエル（**3**：92）（中央）は，オスが卵を持ち歩きます．コモリガエル（下）の子は，母親の背中の袋の中で小さな成体になるまで成長します．

殖方法で，むしろ無脊椎動物のあるものに似ています．

子育てについても，両生類はさまざまなやり方を進化させてきました．カエルの中には，母親が皮膚の袋の中で卵を孵化させるものや，父親がオタマジャクシを水たまりから別の水たまりへと運ぶものもいます．また，完全に成長した幼生の姿で卵から出てくるサンショウウオや，捕食者から卵を守るために，木からぶら下げた泡の巣に産卵するカエルもいます．

3種類の両生類

両生類は3つの目に分類され，それぞれがきわめて異なった体のつくり，生活様式，習性をもっています．最大の目が無尾目で，カエルやヒキガエルなど29科，4384種が含まれます．有尾目は尾をもつ両生類で，サンショウウオやイモリなどの10科，472種が含まれます．いちばん小さい無足目（アシナシイモリ類）には，5科，157種が含まれます．無足目は，足のない両生類で，地中，あるいは水たまりや小川の底の泥の中で生息しています．

カエル類の多くは，強力な後肢で長い距離を跳んで捕食者から逃げます．

両生類の歴史

　両生類は，最初に陸で生活をはじめた脊椎動物で，動物の進化において特殊な位置にあります．両生類は爬虫類の先祖であるといわれることがよくありますが，この言い方は誤解を招くおそれがあります．というのは，爬虫類の祖先にもなった古代の両生類は現生の両生類と似ても似つかないものだったからです．3億6000万年前のデボン紀に生息していた初期の両生類の中には，ワニほどの大きさのどっしりとした体をもつものもいました．両生類が陸上を支配していた一時期がありましたが，小さくきゃしゃなものが多い現在とは状況がきわめて異なっていました．両生類の祖先は，総鰭類の魚で，えらではなく肺を使って水面で呼吸をしていました．

　残念ながら，初期の両生類の化石はほとんどみつかっておらず，なぜ，どのようにして水生から陸生への移行が起こったのかについて，はっきりしたことはわかっていません．また，化石がみつからないということは，両生類の3グループが同じ祖先をもつとは限らないことを意味しています．それぞれが個別に魚から進化した可能性も十分あります．

なぜ両生類は危機にさらされているのか

　両生類がさらされている脅威は，他の動物たちと同様ですが，その生態的特徴が，とくに大きな影響を受けやすくしています．両生類は，世界中で，生息環境の破壊，汚染，気候の変化といった危機に直面しており，また大量に捕獲されている例もあります．

　両生類は，生息環境の破壊によって，水に依存する他の動物よりもさらに大きな被害を受けます．これは，両生類が池や小川といった小さな水場に生息しているためです．両生類は魚類と共存することができないため，湖や川といった広大な水域よりも，池や小川を好みます．しかし，池や小川，沼地や湿地には，経済的な，あるいはレクリエーション上の価値がないため，湖や川のような保護を受けることがありません．

　多くの両生類が，1年のうちのある時期は干上がるような池や小川で繁殖します．このような場所は，卵や幼生を食べる魚や水生生物がいないため，両生類にとって理想的な繁殖環境なのです．しかし，このように水量の少ない場所は，気候の変化によって大きな影響を受けます．長い干ばつが続く地域は世界中に数多くあり，そこでは両生類が十分な繁殖を行えないため，個体数が大幅に減少しています．

　両生類にとくに被害を与えるもう1つの要因は，大気圏上層部のオゾン層が薄くなることによる紫外線の増大です．多くの両生類の卵は，上に覆いのない浅い水たまりに産み落とされるため，強い日光を受けます．その結果，紫外線が細胞分裂と成長を妨げ，DNAを破壊し，多くの卵や幼生が死んでしまうのです．

　ここ数年，両生類に対する新たな脅威が現れています．伝染病です．とくにイギリスや北アメリカでウイルスによって大量の両生類が死んでおり，オーストラリアや北・中央・南アメリカでは，カエルツボカビによる病気が発生しています．なぜこのような病気が発生したのか，はっきりしたことはわかっていません．1つの可能性としては，環境の人為的な変化が，病気が広がるのを助長したということが考えられます．あるいは，気候の変化や紫外線の増大といった現象が両生類の免疫系に悪影響を与え，かつては免疫のあった病気に対する抵抗力を失

最初期の両生類は，現在生息している子孫よりも，はるかに重く大きな体をしていました．三畳紀（2億2500万～1億9000万年前）の両生類には，体長4mのマストロンサウルス（上），3mのディアデクテス（中央），1.5mのエリオプス（下）などがいました．

両 生 類

ってしまった可能性もあります．

現在の状況

いまからわずか10年ほど前，生物学者に知られていた両生類の種数は，4000を少し上まわる程度でした．しかし現在は，5000種以上の両生類が確認されています．皮肉なことに，いままでにない速度で両生類が消えていったときに，科学者たちは多くの新しい種を発見したのでした．その理由の1つは，近年の両生類の減少を心配した生物学者たちが，彼らが消えていく前に，その多様性をより正確に記録しようと試みたことがあげられます．かつて研究が不十分であった遠隔地の調査を進めた結果，近年になって多くの新種が記載されました．スリランカに残る熱帯林における最近の調査では，なんと200以上のカエルの新種が発見されました．

しかし，「新たな」種のすべてが，このような方法でみつかっているわけではありません．以前は広く分布する同一の種であると考えられていた両生類が，現代の遺伝子分析技術によって，外見は似ているものの遺伝学的に別個の種であることが判明したケースもあります．近年，「安全」であるとされていた自然保護区でも両生類の数が減少しており，これがきっかけとなって大がかりな地球規模の調査がはじまりました．現在，IUCNは，すべての両生類の現状を評価し，減少を記録し，両生類が直面している脅威を特定することなどに取り組んでいます．

尾をもつ両生類（サンショウウオやイモリ）の大きさ，色，形，生活様式などは実に多種多様です．5cmほどの大きさで，樹上性のネッタイキノボリサンショウウオ（左上）のような完全な陸生のものから，大きなウナギに似た体長76cmのアンヒューマ（下）のように完全な水生のものまでいます．

無脊椎動物

　無脊椎動物は背骨のない動物です．脊椎動物は，頭骨があり，背骨は連結して尾まで続き，さらに肢帯に支えられた1対の前肢と後肢があるという体制を基本としていますが，無脊椎動物にはこうした特徴のいずれもみられません．無脊椎動物には29のグループがありますが，それらはすべて脊椎動物とはきわめて異なり，また，グループの間でも互いに大きな違いがあります．無脊椎動物は全動物種の約97%を占めています（残りの3%が，魚類，鳥類，哺乳類などの脊椎動物と，ナメクジウオやホヤなどです）．

　私たちになじみのある無脊椎動物は，カタツムリ，ハマグリ，ミミズ，ハエ，スズメバチ，クモ，ヒトデなどでしょう．しかし，このほかにも数多くの無脊椎動物があり，なかには寄生性の吸虫類やサナダムシといったあまり知られていないものもあります．

　無脊椎動物は人間の健康に大きな影響を及ぼすことがあります．数億の人々を苦しめるマラリアのような病気を媒介する無脊椎動物もいます．現代医学は伝染病の影響を抑えるために多大な貢献をしてきましたが，とくにマラリアは，一度根絶された地域で，ふたたび深刻な被害を出しつつあります．

　イナゴやアブラムシ，ナメクジ，コメツキムシの幼虫などの無脊椎動物は，農作物の害虫です．また，シロアリやキクイムシは木造家屋の構造に問題を引き起こしたり，材木や紙でできた製品を破壊したりします．無脊椎動物の中に人間に悪影響を与えるものがいることは明らかですが，一方，人間の役に立つものもいます．たとえば，アリやミミズは，穴を掘って土の粒子をかき混ぜてくれるので，土壌の質の改善に大いに役立っています．ミツバチは蜂蜜をつくり，カキやザリガニは世界中で人間の食料となっています．また，便利な医薬品の原料となっている無脊椎動物もいます．抗凝血剤はヒルから，抗関節炎薬はミドリイガイからつくられています．このほか，チョウのように目でみて美しいものもいますし，昆虫という無脊椎動物がいなければ，植物は別の受粉方法を進化させなければならなかったでしょう．

無脊椎動物の多様性

　無脊椎動物は，その形や生活様式が驚くほど幅広い生き物です．たとえば，ウニの成体は丸くて重く，石灰質の骨格をもっています．頭はなく，防御のためのとげと細い鉗子のような器官をもち，水管を使って海底を移動します．口の中には発達した5本の歯があり，岩から植物をけずり取ることができます．卵からは微細な幼生が生まれ，海面を漂います．幼生の姿や生活様式は親と異なり，丸くも重くもなく，左右対称です．しかし，成長とともにウニの姿となり，海底へと沈んでいきます．

　では，ウニを，池の底の水草の間にすむ体の軟らかい扁形動物と比べてみましょう．この扁形動物は原始的な目と嗅覚器官をもち，口と尾もありますが，肛門がありません．水底を滑るように移動し，腐りかけの植物やバクテリアを食べます．体は軽く，筋肉が付着するための硬い骨格など必要ありません．

　これら2つの例は，無脊椎動物の体構造の幅広さをかいまみせてくれます．さらに，これら2つを，ミツバチと比べてみましょう．ミツバチは，空を飛び，情報伝達をし，花粉を運び，社会生活を行い，そして蜂蜜をつくります．無脊椎動物の形と生活は実に多種多様です．

分類の決め手となる特徴

　無脊椎動物を分類して進化上の関係を明らかにするために，科学者たちは，対称性など数々の基本的な特徴を定めました．海綿動物などは非対称で，特定の形をもちません．一方，イソギンチャクやサンゴなどは放射相称です．頭はなく，丸い袋状の体の中心に口がついています．また，ミミズや昆虫などのように，頭があり，体が左右方向へと発達する，左右対称の無脊椎動物もいます．

無脊椎動物

サバクイナゴ（上）は跳躍が得意です．外骨格をもつ節足動物です．

軟体動物は，共通した構造上の特徴をもっています．軟体動物門には，アメフラシ（1），シャコガイ（2），タコ（3），ウミヒモ（4），ヒザラガイ（5），マテガイ（6），ツノガイ（7），ヨーロッパチヂミボラ（8），ヨーロッパバイ（9），ネオピリナ（10）などがあります．

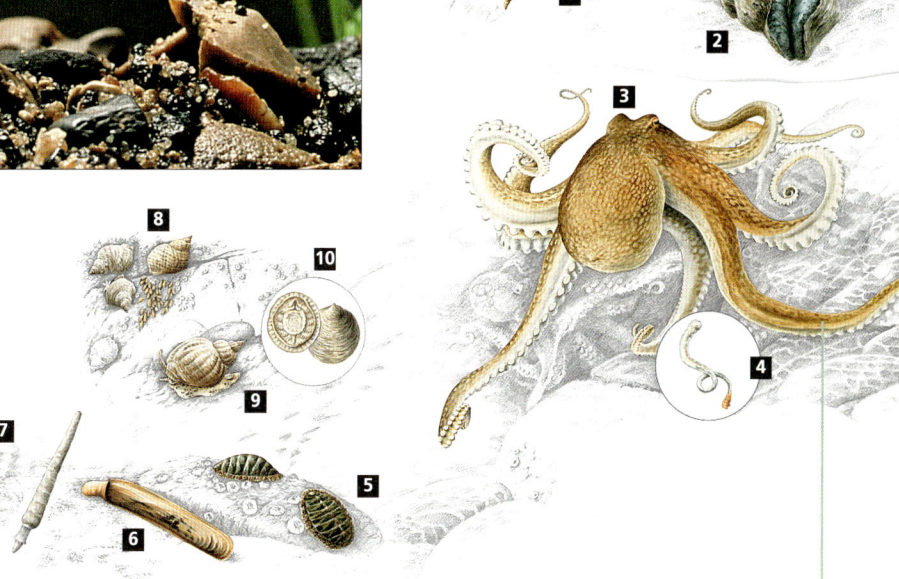

このほかの区別点には，体細胞が組織層（胚葉）を形成しているか，それが何層になって体をつくっているか，というものがあります．体内に空洞（体腔）があるか，またどのような種類の体腔かといった点も重要です．このような識別点はどれも，かなり専門的なものです．しかし，こうした分類の結果，進化にともなう複雑化に従って無脊椎動物を整理することができます．また，これにより異なった体構造の発達の仕方を理解し，門どうしの関連性を推測することができます．

無脊椎動物の歴史

陸生の脊椎動物がはじめて現れたのは2億7500万年以上前の石炭紀だと考えられていますが，化石記録によると，無脊椎動物はさらにはるか昔の6億5000万年前から生息していました．各グループの動物の存続期間を知るには，年代特定の可能な化石を手がかりとします．現在では，特殊な技術によって化石年代をきわめて正確に特定することができます．6億5000万〜2億5000万年前は古生代と呼ばれ，7つの時代（紀）に区分されます．最古の動物の化石は，最初のエディアカラ紀（6億5000万〜5億7000万年前）のものです．これらの動物は，イソギンチャクや蠕虫（ぜんちゅう）類，節足動物に似ているものの，現在の分類上の門に割り当てることは困難です．次のカンブリア紀（5億7000万〜5億年前）のおわり頃までには，硬い体をもつ無脊椎動物が現れました．これらはきわめてよい保存状態の化石となっていて，三葉虫（甲殻類の

仲間）や腕足類（軟体動物の仲間），初期の棘皮動物（ウニ）など，現在わかっている門の多くが現れています．オルドビス紀（5億～4億3000万年前）のおわりには，現在認められている綱のほとんどが姿を現し，棘皮動物やオウムガイ目の軟体動物などの無脊椎動物は最盛期に達しました．他の時代に比べて短いシルル紀（4億3000万～3億9500万年前）には，海生の無脊椎動物の大グループがいくつか衰退した一方，ヤスデなど陸生の無脊椎動物が現れはじめました．

　デボン紀には，クモ形動物や無翅類昆虫が陸上に現れました．2億8000万年前におわった石炭紀には，有翅類の昆虫が発展しました．しかし，この時代から，生活様式の多様性は減少しはじめ，二畳紀がおわる頃（2億2500万年前）には，ほとんどの分類群が激減し，絶滅したものも多くありました．これは，地球の寒冷化が原因であったと考えられています．その後，無脊椎動物の多様性はゆっくりと回復し，ジュラ紀（1億9200万～1億3500万年前）には，現在みられる生物分類上の目のほとんどが姿を現しました．この時代の無脊椎動物を分類すれば，今日とほぼ同じだったでしょう．白亜紀になると進化は勢いを失い，6400万年前にはじまった第三紀には，無脊椎動物の属と科のほとんどが確立されました．

小型ボートの錨がサンゴ礁を傷つけます．人間の不注意による環境破壊の一例です．

なぜ無脊椎動物は危機にさらされているのか

　無脊椎動物の多くは小さく，体内を調整する複雑な機能はもっていません．そのため，海生の無脊椎動物は，体内の環境と塩分，水分のバランスを海水と同じに保ちます．淡水生の無脊椎動物には，体内の水分と塩分の浸透バランスを調整するきわめて単純な機能しかありません．また，陸生の無脊椎動物の多くは湿った土壌がなくては生きることができません．ほとんどの場合，これらのような無脊椎動物は，化学

白亜紀（1億3500万～6400万年前）に，北極の海底に生息していた動物たち．ヤイシ（1），アンモナイト（2），イソギンチャク（3），巻貝（4），ウニ（5），二枚貝（6），カニ（7）．

汚染物質が体内に入るのを防ぐことができません．また，生息環境から水がなくなっても，それに対処することができません．サンゴやカイメンなど，海底に付着して生息する無脊椎動物は，海面の変化により大きな打撃を受けます．水温に異変が起こった場合でも，移動して生き延びることができません．対照的に，無脊椎動物の絶滅危惧種には，チョウやトンボなどのように高い移動能力をもつものがいます．しかし，これらの動物は，幼生の生育のために特殊な植生や水環境を必要とする生活史をもっています．ところが，そのような環境がしばしば，産業の発達や都市開発といった人間の活動によって損なわれたり破壊されています．

現在の状況

　無脊椎動物は知名度が割合低く，哺乳類などの大型脊椎動物のように人気がないため，一般の支援を受けにくいのです．人々は，絶滅が危惧される甲虫よりもパンダの保全のために寄付をしがちです．

　それに加えて，無脊椎動物の危機的状況を正確に把握することは困難です．脊椎動物はおそらく4万種以上がいますが，地球上に何種の無脊椎動物が存在するかは誰もわかりません．140万種近くが名前を与えられていますが，それよりもはるかに多くの種が存在すると思われます．それでも記録されている種の数は膨大で，そのうちのどれだけが危機的状況にあるのかを知ることは容易ではありません．最近の推定では，2500種以上が脅威にさらされていると考えられています．しかし，これは哺乳類の絶滅危惧種の数の2倍をかろうじて超える程度の数字でしかないことから，実際にははるかに多いことはほぼ確実です．

　統計データは誤解を招くおそれがあります．右の表は，IUCNの2000年版レッドリストの一部です．この表の数字からは，昆虫の絶滅危惧種の数がごくわずかであるようにみえます．昆虫の絶滅危惧種が昆虫全体のたった0.06％である一方，哺乳類では24％にものぼっています．しかし，昆虫の種の数は膨大なため，ほとんど調査されていません．調査された昆虫のうちの絶滅危惧種の割合をみると，哺乳類の場合よりも高く，58％にもなります．本当に昆虫の58％が絶滅の危機に瀕しているのでしょうか．そんなことはありません．哺乳類の場合とは違って，科学者がすべての昆虫を評価するのはたいへんなので，より希少で危機にさらされていると思われる昆虫を対象に評価を行っているのです．

チョウとタランチュラが展示されています．残念ながら，動物の標本の商取引は続いています．

絶滅のおそれのある哺乳類と昆虫（2000年度）

	種の総数	絶滅危惧種の総数
哺乳類	4763	1130
昆虫	950000	555
	種の総数に占める絶滅危惧種の割合	全調査対象に占める絶滅危惧種の割合
哺乳類	24％	24％
昆虫	0.06％	58％

保全活動の実際

　動物は皆それぞれ違います．姿や習性が異なり，独自の能力をもち，さまざまな生息環境で違った問題に直面しています．そのため，実際の保全活動は，それぞれの種に必要とされることを正確に知るための科学的調査に基づくことが重要です．とくに繁殖行動に関わる対策が，ある動物には効果的でも，別の動物には効果がないということがよくあります．このような研究は専門の調査機関によって行われていますが，ニューヨーク，サンディエゴ，シカゴ，ロンドンなどの大きな動物園も重要な貢献をしています．

調査研究

　現在では，世界中のほとんどの場所が地図に描かれ，人が足を踏み入れていますが，野生生物については大まかな情報しかないことがあります．動物を保全するためには，まずその存在を確認しなければなりません．したがって，基礎研究は，現地調査という方法が必要です．科学的な装備はとくに何もいりませんが，ただ重労働に耐えなくてはなりません．現在，人がほとんど訪れたことのない地域で，野生生物についての現地調査が注意深く行われています．そして，長い間みつからなかった動物が確認されるという，明るい知らせが報告されることもあります．たとえば，13種あるカワウソ類の中でもっとも希少なスマトラカワウソが，2000年にタイで政府職員によって再発見されました．この種は何年もの間，絶滅したか否かが不明のままでした．またアメリカの調査チームは，ペルーで *Cuscomys ashannika* という大型のネズミの新種を発見しました．

　野生生物の調査には，最先端のコンピュータ技術が使われることもあります．コンピュータには，各区域の土壌，道路，植生，気候の詳細などの地理データが大量に蓄えられています．ある特定の動物が必要とする条件をコンピュータに入力すれば，生息していそうな場所を予測してから，実地調査を行うことが可能になります．これは，何かみつかるであろうと，至るところをただ探しまわるよりも，効率的な調査の仕方です．

　このほかにも，動物の体内に標識を入れたり，DNAフィンガープリント法を使うなどの先端技術は，野生動物保護官が密輸されたり盗まれたりした動物をみつけたり，野生か飼育動物かの区別をする際に役立っています．これによって，違法取引の抑制が効果的に行われています．また，象牙に含まれる化学物質の精密検査によって，その象牙がアフリカのどの地域のものかということもわかり，違法・合法の判断を下す手がかりとなっています．

　詳細な現地調査からは，希少動物の将来に役立つ情報が得られます．たとえば，ニュージーランドのタカヘ（ノトルニス）（**7**：20）の観察では，この鳥がもっとも栄養価の高い草を好んで食べることがわかりました．草の質が悪い地域では，タカヘはうまく発育しません．そこで，少量の肥料を草むらに与え，草の成長をうながし，より良質な食べ物をタカヘに供給することにしました．カリフォルニアコンドル（**4**：46）の採食行動に関する研究では，この鳥が腐敗している死体よりも新しい死体を好むことが判明しました．また，厚い皮を破るのが難しいためか牛の死体には関心を示さないこと，そして飲み込めるような小さい骨が足りないためカルシウム不足におちいっていることなどもわかりました．こうした情報を得ることで，コンドルにできるだけ良質な食べ物を与え，不適切な餌を与えるというむだを省くことができます．

　入念な調査が，個体数の減少の原因を明らかにすることもあります．たとえば，外来の肉食動物によって，毎年，卵や子のほとんどが食い荒らされている場合があります．こうしたケースでは，箱などで巣を保護したり，あるいはその肉食動物を排除することによって，問題を解決することができるでしょう．

　動物の個体を調べることにより，その行動が理解できます．その動物についての知識が深まるほど，より適切な保護を行うことができます．アザラシやラッコの場合は足ひれに札を，爬虫類の場合はうろこにしるしをつけて，個体を識別します．鳥には番号入りの足輪をはめます．しかし，足輪をつけた渡り鳥の調査では，どこへ移

保全活動の実際

調査研究は保全活動に欠かせません．左はダイバーが海底の生き物を調査しているところ，右はアメリカ・オレゴン州で，生物学者が生後6週間のニシアメリカフクロウ（9：40）を調べているところです．

動したのかは判明しても，どのようなルートで移動したのかはわかりません．そこで，翼に色標識をつけたり，羽の一部を染めたりすることによって，移動ルートを確認します．こうした調査によって，渡り鳥を安全に移動させるために必要な場所を保全することができます．

観察する個体の数を増やせば，人間と同じく個体がそれぞれ異なっていることがわかります．ザトウクジラ（4：94）は尾びれにある白黒模様が個体によって異なります．この違いを確認することで，寿命や，季節ごとの居場所を知ることができます．同様に，コハクチョウの

くちばしの黒と黄色の模様も個体によって違い，これを識別することで，わざわざつかまえなくても毎年の個体調査を行うことができます．この方法で，ヒナがどの親から生まれたのか，親とどれだけの期間一緒にいるのかといったこともわかります．現在では，ハクチョウが一生にわたってつがいをつくり，つねに同じ繁殖地や越冬地に戻ってくることが判明しています．

希少動物をすまわせるには，自然保護区はどれほど大きくなくてはいけないのでしょうか．動物たちはどこで何を食べるのでしょうか．どこで繁殖するのでしょうか．そして，どこで冬を越すのでしょうか．こうしたことを明らかにするために，研究者たちは動物に無線発信機を（たいてい首輪に）つけ，特殊な方向探知機でそのゆくえを追います．リカオンや渡りをするツルのように広範囲を移動する動物については，人工衛星を使って1時間おきの追跡記録を何カ月にもわたって続けてとります．リカオンが500 km^2 以上を動きまわるといった情報は，このような技術がなければ得ることができなかったでしょう．研究者は無線発信機によってどこを調査すればよいのかがわかり，詳細な現地観察を行うことができます．これにより，動物たちの繁殖行動や捕食成功率，群れの構成などがさらに明らかになります．動物たちのことを知れば知るほど，絶滅に向かうのを食いとめる可能性は高くなります．リカオンは，かつて生息していた39カ国

のうち29カ国で，すでに姿を消しています．

　無線発信機による追跡は，看護を受けた後に野外に放された動物の研究にも役立てられています．油にまみれたラッコやけがをしたハリネズミ，電線にぶつかった鳥を救助したのはよいものの，もし何カ月も経た後に野外に戻され，適応することができなければ意味がありません．調査によって，どのように動物たちがもとの野外環境に適応するか，また，動物にとって最善の救助とリハビリとはどのようなものかといったことがわかるのです．

動物園の役割

　かつては希少動物に対する動物園の需要が野生生物の減少の一因となっていました．たとえば，動物園の人気者であるオランウータンの場合，ヨーロッパやアメリカの動物園に1頭がたどりつくことは10頭が死んでいることを意味していました．オランウータンは，飼育下ではうまく繁殖しません．母親が子育てを放棄するため，子は人間の手によって育てられることになります．後に子が成長し繁殖できる年齢になっても，人間とオランウータンの区別がつかず混乱し，繁殖することができません．しかし，現在では，多くの動物についてこのような問題は解決されています．動物の習性と飼育方法に関する入念な調査が行われてきた結果，動物園の動物たちの多く

カリフォルニアコンドル（**4**：46）は，保全が成功した一例です．飼育繁殖が行われる以前は絶滅寸前でした．

ジャージー島の保全動物園

　イギリスとフランスの間にあるジャージー島という小さな島には，ナチュラリストのジェラルド・ダレルが設立した世界で最初の「保全動物園」があります．ジャージー動物園には，トドやキリンといった動物園でおなじみの動物たちはいません．その代わり，絶滅危惧動物だけがいます．ジャージー動物園は，絶滅危惧種をいかに繁殖させ，野生に戻すかという研究に力を入れています．また，生息環境が適切に保全され，ジャージー動物園から野生にかえされる動物たちが生息していけるように，他の国々の保全活動家と共同で生態学的調査を行っています．このような取組みがきわめて効を奏し，モーリシャス共和国の多くの希少動物（モーリシャスチョウゲンボウ **7**：38，モーリシャスバト **8**：72，モーリシャスホンセイインコや，ラウンドスベトカゲ，ギュンターヘラオヤモリといった爬虫類）が絶滅から守られています．西インド諸島のインコ類は，そのすみかである小さな島々で絶滅寸前にまで追い込まれていましたが，救われました．ジャージー動物園はイロマジリボウシインコの飼育を許可されている唯一の施設です．このインコはカリブ海で減少が続いていましたが，それを補うためにジャージー動物園で繁殖が行われ，現在はセントルシアの国章になっています．こうした成功は，西インド諸島に生息するヘビやトカゲといったあまり人気のない動物の保護をうながすことにもなりました．ジャージー動物園の活動はマダガスカルでも行われ，キツネザル類や希少なカメ類を繁殖させたり，その他の希少動物や生息環境に関する調査を行っています．ロドリゲスオオコウモリやホオアカトキをはじめとするさまざまな希少種の個体数の回復や安定は，ジャージー動物園による調査や飼育繁殖によるものです．また，他国のスタッフと共同で活動することによって，地域の人々が専門的な保全技術や科学的方法を学ぶことができるという「技術移転」にもつながっています．

セントルシアウィップテイルの飼育繁殖が1980年代のおわり頃にジャージー動物園で行われましたが，部分的な成功にとどまりました（**7**：8参照）．

が健康で長生きをしています．親の代のみならず，子の代，孫の代も繁殖しているため，野外から新たに動物を捕獲してくる必要はもうありません．

飼育繁殖

今日では，ほとんどすべての動物園の動物は，飼育下で生まれたものです．たとえば，イギリスのウィプスネード動物園は，設立後の50年間で327頭の動物を野生から集め，それらの動物から1万8561頭を繁殖させました．ロンドン動物園の哺乳類の93％は飼育下で生まれています．現在，多くの動物園が協力して教育や保全活動に取り組み，野生へ再導入するために動物の繁殖を行っています．アラビアオリックス（**3**：62）を野生へかえす活動では，アリゾナ州のフェニックス動物園が大きな役割を果たしています．ロサンゼルス動物園は，カリフォルニアコンドル（**4**：46）の保全に尽力してきました．貴重な貢献をしているのは，大きな動物園ばかりではありません．1960年に設立されたキジ類トラストは，アジアで絶滅寸前であったさまざまなキジの繁殖を，イギリス・ノーフォーク州で積極的に行っています．イギリス・グロスターシャー州のスリムブリッジにある小規模な水禽トラスト・ガーデンは，ハワイガン（**8**：92）の最後の3羽からの飼育繁殖に成功し，現在では他の多くの動物園で展示されています．この飼育繁殖によってハワイへの再導入も行われ，ハワイガンは公式の州鳥に選ばれています．

専門の動物園は，さまざまなプロジェクトを支援する特殊技術を発展させてきました．たとえば，水禽トラストのあるスリムブリッジは，ナンベイフラミンゴの飼育繁殖が世界ではじめて行われた場所です．また，ニュージーランド以外でアオヤマガモの飼育繁殖に成功した唯一の場所も水禽トラストの別の施設です．

動物を見せ物に金もうけをするのはよくないと，動物園に対して悪いイメージをもっている人々もいます．しかし，動物園には，入園料によって動物の餌や世話にかかる多大な費用をまかなえるという長所があります．一般に公開されていない研究施設は，研究にもっと集中できるかもしれませんが，そのために莫大な資金を調達しなくてはなりません．悪質な動物園は閉鎖されてしかるべきです．しかし，動物を間近にみることは貴重な経験で，保全に対する人々の関心を高めることにもなります．

ハワイガン（**8**：92）は，イギリスとハワイで飼育繁殖が行われなければ絶滅していたでしょう．

よい動物園は，研究を支援したり動物を野生に再導入するなど，直接的な貢献をしています．かつてはそれぞれの動物園が秘密主義で互いに競争していましたが，現在では保全活動を効果的に行うために協力し合っています．北アメリカやヨーロッパの主要な動物園は，連携して動物の飼育管理の向上に取り組んでいます．また，動物園では，繁殖のための動物の交換や貸し借りも行われています．それぞれの種に関する血統台帳によって，どの個体がどれと交配したかが記録されているため，同系交配による悪影響を避けることもできます．同系交配を防ぐことはきわめて重要で，野生下よりも動物園の方が容易に行うことができるのです．

飼育繁殖の成功率はきわめて高くなったものの，思わぬ誤算もありました．たとえば，トラの場合，動物園で繁殖しても，野生にかえす場所がありません．そのため動物園はトラの子が増え過ぎないように抑制しなくてはなりません．つまり，動物の生息に必要な条件をきちんと調査しなければ，動物園は野生における個体数回復を効果的に支援することができないのです．そのため，多くの動物園が研究者を使って，食べ物，行動範囲，必要な広さなど，野生動物の習性や生態を研究しています．こうした研究で得られる情報は，保全管理官が飼育繁殖した動物を野生にかえすために最適な環境をつくる上で役立てられています．不適切な環境にかえされて死んでしまうのであれば，飼育繁殖を行う意味がありません．

特殊技術

現代のバイオテクノロジーはしばしば疑いの目でみられます．しかし，人工受精や胚移植，遺伝子操作，さらにはクローン技術（ガウア（ガウル）3：68参照）といった技術が，ある動物を救う唯一の手段だったり，絶滅したものを復活させるのに使われることもありえます．このような技術は，倫理上の疑問を引き起こします．将来，保全の名のもとにどこまでのことが許されるのかといった決断を下さなければならないときがくるでしょう．

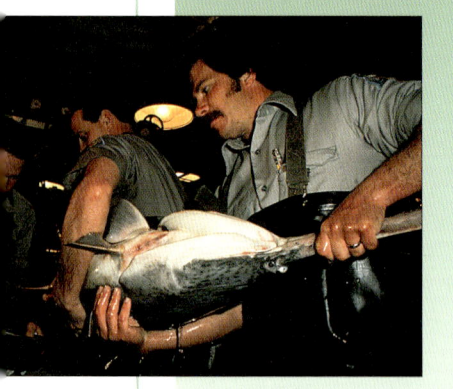

人工受精は，小さな個体群での同系交配を防ぐ1つの手段です．しかし，ヘラチョウザメ（7：42）の場合，人工受精は口でいうほど簡単な作業ではありません．

生息環境の保全

もちろん，動物園よりも野外の生息地で動物たちを救う方がましです．1890年代以降，数多くの組織がこれを目標に活動してきました．たとえば，アメリカのナショナル・オーデュボン協会やイギリスの王立鳥類保護協会は，流行の帽子に使う羽をとるために鳥が殺されるのに反対して設立された組織です．この2つの組織は，その後，羽の商取引によって激減した野生個体群を回復するために，鳥の保護区を設けたり，生息環境の管理に取り組んできました．そして現在は，広大な土地を所有し，鳥のコロニーの保護をみごとに成功させ，世界中の保全団体の中心的存在となっています．この2つの組織は生息環境の管理に焦点をあてて活動してきました．その結果，植物や昆虫，哺乳類などにもよい影響がもたらされました．こうした保護区の多くは一般に公開され，人々の関心や理解を深めています．

世界で最初に設立された国際的な保全組織は，もとはロンドンを拠点とする帝国動物相保存協会（現ファウナ・アンド・フロラ・インターナショナル）でした．この組織は，かつて植民地で猛獣狩りを行って自ら大型哺乳類の激減を招いた人々によって結成されたため，冷笑的に「過去を悔いる殺りく者クラブ」と呼ばれていました．しかし，この組織は，その後の数々の国際的保全活動への道を切り開きました．このほかにも，世界自然保護基金などヨーロッパや北アメリカで設立された組織は，絶滅危惧種の保全への資金提供を行いました．動物の多くは熱帯に生息しているものの，熱帯の国々は貧しく，野生生物を保全する資金的余裕がないため，資金提供は重要な活動の1つなのです．裕福なヨーロッパ諸国やアメリカ，日本などが発展途上国を援助できても，独立国家への干渉だとして歓迎されない場合があります．国際政治が野生生物の保全の仕事に関係してくるのです．そこで，国家間の調整を，スイスにあるIUCN（国際自然保護連合）が担当しています．

資金問題

絶滅寸前の動物の多くは，きわめて貧しい国々に生息しています．人間の子供たちが死にかけているときに，動物のためにお金を使うのは正しいことでしょうか．貧しい国では，死亡率が高く，病気や貧困が広まっています．干ばつや地震などの自然災害に見舞われれば，多くの人々が空腹に苦しみ，餓死してしまうかもしれません．このような国々では，野生生物の保全にあてるような資金的余裕がありません．まず経済を発展させるためにお金が必要で，野生生物を保全するのは十分に裕福になってからでしょう．ここに，世界銀行の役割があります．世界銀行は，発展途上国が，ダムや道路など，国富を増強するための設備を整え，国民の生活水準を高めることを援助するために資金を融資します．しかし，このようなプロジェクトはしばしば野生生物を危険にさらします．かつては人間の侵入もなく希少動物が安全にくらしていた奥地の森に向けて道路が建設されます．農業を発展させるために資金融資が行われれば，自然環境が破壊され農地に変わります．灌漑のために井戸を増やせば，天然の湧き水が干上がり，砂漠の動物たちが死ぬでしょう．ダムは川をせき止め，魚の移動を妨害します．生息環境の変化は，しだいに広大な地域に及び，野生生物に悪影響を与えます．こういった理由から，世界銀行は，野生生物の保全を阻害するとしてしばしば非難されてきまし

保全活動の実際

誰が支払うべきか

自然保護のために財政支援を必要としているのは，貧しい国々や熱帯地方の国々だけではありません．たとえば，ニュージーランドには，世界でもっとも希少な種を含む数多くの特別な動物が生息しています．しかし，ニュージーランドの納税者の数は，アメリカやドイツの中規模都市よりも少なく，財政的余裕がありません．フクロウオウム（**3**：12），タカへ（ノトルニス）（**7**：20），アオヤマガモ，セアカホオダレムクドリ，ハシブトホオダレムクドリ，セイタカシギや，その他のきわめて希少な鳥に加え，ジャイアントウエタや特殊なカタツムリ，植物などを保護するために，外国からの支援なしにニュージーランドはどうやって資金を調達すればよいのでしょうか．

発展途上国で自然保護プロジェクトを成功させる最善の方法は，現地の人々に参加してもらうことです．現金を渡すことで，クリスマス島では多雨林の樹木の植え直し（左），カラハリ砂漠では野生生物調査の手伝い（右）をしてもらうことができます．

た．しかし，世界銀行はあくまで銀行であり，お金を与えるだけの慈善団体ではありません．融資した資金は，返されることが前提です．資金融資を受けた国々は，それを返せるだけ裕福にならなくてはなりません．つまり，国は発展を続けなくてはならないということです．

　こうした国々は，開発や貿易のために資金を借りるものの，毎年何百万ドルという利子を，外国の銀行や大きな多国籍企業に返済しなくてはなりません．その結果，あとには何も残らず，ただ貧困が悪化していきます．野生生物が省みられることはありません．そこで，「債務の交換」という考え方が登場します．借金を抱えている貧しい国々が，豊かな国の義援金によってその借金を返すのです．その代わりに，その国々が国費を，国立公園の保全や野生生物の管理，環境的に有益な開発を進めるための教育などに使います．

エコツーリズム

　現在，たくさんの人々が世界の別の場所にすむ野生生物を見物するために海外旅行に出かけます．長年にわたって一般的であったのは，東アフリカへのサファリツアーでした．しかしいまでは，バードウォッチングツアーなどが組まれ，一般の人々が中央アジアやアマゾンのジャングルの奥地にまで探検に出かけます．こうした地域は，少し前まで，金持ちで勇ましい探検家だけがたどり

コククジラ（**4**：92）は体長15 mにもなります．人がもっとも近づきやすいクジラ類として有名で，写真はホエール・ウォッチングのボートに乗った観光客に接近しているところです．30年ほど前には，生きたクジラにこれほど近づいたのは捕鯨をする人々だけでした．

ジャングルの一部を買う

　自然保護には費用がかかり，保全プロジェクトは集められる資金量によって制限を受けることが多いのです．保全団体の中には，1 haの熱帯雨林，1頭のネズミやジャガー，1匹のアリを売って，資金を調達しているところもあります．一般の会員が2, 3ドルで所有権の証明書をもらい，そのお金はどこか遠くの地域での保全活動に使われます．実際には1 haを所有するわけではなく，自分のネズミは明日には食べられてしまうかもしれません．しかし，これは資金を調達し自然保護の意識を高める上でとてもよい方法です．このような試みはコスタリカやベリーズで行われ，よい結果を生み出しています．

つけるような場所でした．いまや，観光の可能性は途方もなく広がっています．南極のペンギンやルワンダのゴリラ，コスタリカ沿岸のジンベエザメ，スマトラ島のオランウータンやインドのトラまでみることができます．オーストラリアの奥地を探検したり，サハラ砂漠を横断するベドウィン族のラクダの列とともに旅することもできます．エコツーリズムは，人々がテレビなどのメディアを通じてではなく，世界中の野生生物を直接みて理解する機会を提供しています．人々が野生生物を知れば知るほど，希少動物を絶滅から守りたいという気持ちは強くなるでしょう．

　エコツーリズムは，野生生物の持続的な利用の仕方，

保全活動の実際

　ボート1隻分の旅行客は，以前は漁師だった地元の船乗りにとって何千ドルもの価値があり，漁は割に合わない仕事になりました．クジラを追って銛を打ち込む代わりに，近くまで人々を連れていき，クジラの仕草を楽しんでもらいます．クジラは殺すよりも生かしておいた方がはるかに価値が高く，死ぬまで旅行者からお金をかせぎます．肉や脂のために殺してしまったら，それっきりです．

　ケニアは他の何よりも観光業で収入を得た最初の国です．現在では多くの国がエコツーリズムを発展させようとしています．そして，そのことによって，自然環境や野生生物に関心を払うようになっています．こうした状況はさまざまな生き物にとって有益で，同時に店の経営者やホテルの従業員，タクシー運転手，ツアーガイドといった人々に収入をもたらします．エコツーリズムがなければ，こうした未開発の土地にすむ人々は貧しく恵まれないままだったでしょう．エコツーリズムに携わる人々は皆，積極的に野生生物を守ります．密猟者なども追い出してしまうのです．

国立公園

　野生生物や景観を守るために国立公園をつくるという考え方は，最初にアメリカで生まれ，後に世界中に広ま

殺さずにお金を生み出す方法を示しています．動物に生活費をかせぐよう仕向けるべきではないという意見もあるでしょう．しかし，そうしなければ，生息地は農地に変えられたり，人間がお金を稼ぐため別の用途に使われるだけです．もし野生生物好きの人たちが熱帯雨林をみるためにお金を払えば，材木を売るために森を伐る必要性も減るでしょう．

　現在，もっともうまく発展しているのがホエール・ウォッチングかもしれません．ほんの20年ほど前には，クジラをみることなど一般の人々にとっては不可能なことでした．しかしいまや，いろいろなクジラを間近でみることができる観光プランが組まれています．かつてはへき地であった場所に，現在では毎年クジラが回遊する頃になると定期的に観光客がやってきます．ケープコッドやニュージーランド，南アフリカからハワイまで，人々はクジラをみに出かけます．

マウンテンゴリラ（5：80）の生息地を訪ねるのは，究極のエコツーリズムといえるでしょう．旅行者が落とすお金は，アフリカのいくつかの最貧国の経済を強く底上げしています．

93

りました．現在，国立公園と自然保護区は野生生物に安全な場所を与え，多くの絶滅危惧種にとって最後の安定した生息地となっています．しかし，渡りをする動物には，こうした保護地域から外に出て他の国へ行くものもあります．渡りをする種の繁殖地が保護され，狩猟にあわず，渡りのルート上の生息環境が失われないよう，国際的な協力が必要です．アメリカとカナダの間では協定が結ばれ，アメリカシロヅル（**2**：32）のような弱い種の保護，カモやムシクイなどの移動ルートの保全をはかっています．同様に，ボン条約はヨーロッパ域内で渡り鳥を保護しています．

　クジラや海生哺乳類を保護するため，狩猟を制限したり，繁殖地域へのボートの乗り入れを禁止する協定もあります．

再 導 入

　過度の狩猟などによってある種が野外で死に絶えた場合でも，飼育下の個体群から，あるいは別の場所から個体を移送して再導入することができます．しかし，まず動物が死に絶える原因となった脅威を取り除き，生息環境を整えることが先決です．さもなければ，再導入は時間のむだにすぎず，導入された動物にとっては酷なことになります．こうした問題をあらかじめ解決する手助けのために，IUCNが国際的に認められたガイドラインを発表しています．動物たちは狩猟や迫害から保護されなくてはなりません．つまり，再導入には地元の人々の積極的な支援が必要なのです．かつてアメリカの一部にオ

インドのランタンボレ国立公園にあるプロジェクト・タイガー事務所の掲示板です．この国立公園は，旅行者が野生のトラをみることのできる数少ない場所の1つです．

保全活動の実際

オカミを再導入しようという試みは強い反対にあいました．銃をもった反対者が1人でもいれば，再導入計画は実現しません．

　困難はありますが，一度は絶滅してしまった地域で動物を復活させた数多くの成功例があります．ヨーロッパビーバーは，20世紀初頭までにヨーロッパのほとんどの国々から姿を消しましたが，現在では広く生息しています．アラビアオリックス（**3**：62）は現在，ヨルダンやオマーン，サウジアラビアでみられますが，もとの野生個体は1970年代に狩猟によって絶滅しています．カリフォルニアコンドル（**4**：46）は再導入が行われなければ，どこからも姿を消していたでしょう．

　再導入は多くの場合，種が野生下で完全に絶滅してしまう前に行われます．放された個体は，たとえば自然災害やとりすぎによって危険なレベルにまで減っていた個体群が回復するのに役立ちます．ヨーロッパの一部では，野生のヒゲワシやオオヤマネコの個体群がこの方法によって強化されました．イギリスでは，近親交配の進んだアカトビ（**2**：10）の生き残り個体群を回復させるためにスペインからの導入を行い，みごとな成功をおさめました．

コスタリカのトルトゥゲーロ国立公園の熱帯雨林を空からみた風景（左）．

アカオオカミ（**3**：24）の再導入（下）は論議を呼んでいます．これまでほとんどの個体は島にある自然保護区で放されています．

再導入をめぐる問題

　再導入は，ただ動物を自然に放すということではありません．なわばり性が強い動物では，放されたものが同種の個体から激しい攻撃を受けることもあるでしょう．多くの霊長類は複雑な社会行動を示すので，飼育下で育った動物が野生の集団になじめないこともあります．また，放された動物が病気をもっていて，野生個体群の生き残りが危険にさらされることもありえます．飼育下では死んだ餌に慣れていた肉食動物が，生きた獲物をうまくとらえられないこともあります．生きていく術を身につけるまで，餌を追加しなければなりません．イギリスで行われたメンフクロウの飼育下繁殖と野生への再導入の試みは，多くのフクロウが餓死する結果におわりました．まず必要なのは生息環境の整備であるという認識に欠けていたことが直接の原因でした．メンフクロウは古い草地にすむハタネズミを主食とします．しかし，再導入地域には，過放牧や灌木の成長によって背の高い草が少なく，ハタネズミがほとんどいませんでした．メンフクロウは，他のつかまえにくい動物を餌としなくてはならなくなり，十分な食べ物を得ることができなかったのです．

　現在では，許可なくメンフクロウを野生に放すことは違法とされています．許可を得るには，生息環境が整い十分な食物供給があることが条件とされています．

2種のワシについての話

　イギリスでは，主に卵の収集や狩猟のためにオジロワシが絶滅しました．かつては法律で禁止されていた再導入ができるようになり，何度か試されたものの失敗におわりました．1980年代に，スカンジナビア半島から幼鳥を連れてくる事業がはじまりましたが，成功するのに長い時間を要しました．まず成鳥になるまでに少なくとも6，7年かかり，はじめはうまく繁殖するとは限りませんでした．ようやく繁殖して広がり出したのは10年目のことでした．

　アメリカの国鳥であるハクトウワシは，食べ物とともに取り込んだ農薬が原因で激減しました．個体群は細かく分断され，生息密度も低くなりました．ハクトウワシが生き残った地域もありましたが，不妊のため自分たちの子を育てることができませんでした．そこで，たとえば電線にぶつかってけがをした健康なハクトウワシを繁殖施設に収容して卵を産むようにさせました．これらのワシは飛べないため自由な生活には戻れませんでしたが，その卵やヒナが，不妊の野生ハクトウワシの巣に移されました．ワシはこのようなヒナを自分の子として育て，その結果，ハクトウワシの数を回復させ，かつて広範囲に安定してみられた個体群をもとに戻すのに役立ちました．さらに，飼育下で生まれたヒナは，汚染されていない食べ物を与えられていたので農薬の影響を受けず，より短期間で，健康な野生の個体群を回復するのに役立ちました．

イギリスでは，オジロワシ（枠内）が絶滅した後，再導入が行われ，成功するのに10年かかりました．ハクトウワシ（左）は，特殊な繁殖計画によって救われました．

教　　　育

　どんな保全活動も一般の人々の支援と理解が必要です．動物園や博物館，学校，ボランティア団体は，人々が野生生物についてもっと深く理解するような活動に力を入れています．私たちは，大きくて見栄えのする動物だけでなく，小さな動物たちの大切さについても学ばなくてはなりません．かわいらしい動物の保全にだけ注目するのではなく，サメやヘビといった親しみの薄い動物の役割や重要性も理解すべきです．動物たちの絶滅は取返しのつかないことで，世界はしだいに貧しくなっていくことを知るべきです．絶滅は他の生き物に影響が及ぶような生態的な損害を招きます．私たち人間自身も苦しむ前に，野生生物が少なくなるのはなぜかを知る必要があります．未来の世代が過去の過ちを理解すれば，新たな問題を未然に防ぐ可能性が増します．

文化の違い

　東洋の伝統薬の商取引は，希少動物を追いつめている特殊な問題です．トラの骨，クマやワニの胆嚢，サイやサイガの角，ヘビの血，これらすべて，薬効があるといわれる部分を得るために動物は殺されます．欧米人にと

カリマンタン（ボルネオ）島のセピロック・リハビリセンターには，このアジアゾウ（**7：10**）の赤ちゃんのように，野生にかえされる前の世話をするため，動物が連れてこられます．このような施設は，毎年，けがをしたり親を失った多くの動物の救護や野生復帰訓練（リハビリ）を行っています．

っては，絶滅危惧種を危機にさらすこうした行為は間違いであり，やめなければいけないと理解するのは容易です．しかし一方では，何百万人もの人々がこれらの薬は生活に欠かせないものだと信じています．いったい誰がどんな権利で，これらの人々に「あなたは間違っている」といえるでしょうか．

　考え方の違いを示す他の例がアフリカの一部地域でみられます．そこでは，動物と肉を表す言葉が同じです．つまり，野生動物は自然が人にもたらす食料として必要だと考えられています．これについても，欧米人はおそろしいことだと考えるでしょう．しかし，ほんの2，3世紀前には，アメリカでも同様の考え方が一般的でした．豊富な野生動物は，人間が必要とするものをもたらす神の叡智と気前のよさの証拠だと考えられていました．

　わずかな数の人間が槍だけで武装していた時代には，動物たちにとって人間は他の大型肉食動物と同じ程度の脅威にすぎませんでした．しかし現在，人間は他のあらゆる大型哺乳類を数で圧倒し，強力な武器を備えています．当然，動物たちはこの一方的な争いに負けることになります．しかし，発展途上地域で行われている狩猟や商取引を規制しようと試みれば，政治や経済への干渉であるといった反発を買ってしまいます．金持ちで栄養の足りた欧米人が，なぜ，アフリカ人が野生動物を殺してお腹をすかせた家族に食べさせるのをじゃましようとするのでしょうか．いったいどんな権利で，生きていくために森の木を伐るインドネシアやニューギニア，ブラジルの人々をとめることができるでしょうか．これは難しい問題です．現代世界では，どこで野生動物が生きるべきかについてすべての人が合意しなければなりません．

トラの骨は伝統薬として使うために売られます．右の写真は，ミャンマーの市場でトラの骨を吟味しているところです．トラの狩猟は違法ですが，体の一部を手に入れるためにいまなお続けられています．

用語解説

*がついている語は，この用語解説にある他の用語を示す．

亜種 subspecies
1つの種*の一部の個体群で，その中の個体どうしは似ているが，同じ種の典型的なものとは違っているような個体群．品種とも呼ばれる．

雨覆羽（あまおおいばね） coverts
鳥の風切羽（かざきりばね）や尾の基部を覆う小さい羽．飛ぶために羽を滑らかな流線型にする．

アリストテレスの提灯（ちょうちん） Aristotle's lantern
ウニの咀嚼器官で，5本の歯がある．

育雛（いくすう）期 fledging period
鳥のヒナが，孵化してから最初の羽が生え，飛べるようになるまでの期間．

一夫多妻 polygyny
1回の繁殖期*に1頭のオスが複数のメスと交尾すること．

遺伝子 gene
遺伝の基本単位．ある世代から，その子へ特性を伝える役割をする．

羽衣（うい） plumage
鳥類の体を覆う羽根・羽毛．

鰾（うきぶくろ） swim bladder
魚類の体内にある気体が入った袋．気体の量を変えることで浮力を調節できる．

羽毛[ダウン] down
柔らかく，ふわふわした断熱効果の高い羽．羽軸は短いかまったくない．孵化後のヒナ，成体*の羽の下にみられる．

雲霧林 cloud forest
高標高地にある湿度の高い森林．下層*植生が密生し，シダ，コケなどの植物が樹木の幹や枝に着生しているのが特徴．

エコロケーション echolocation
音波の反射パターンによってものを知覚すること．コウモリにみられる．

えら gill
水中から酸素を取り入れる呼吸器官．オタマジャクシでは外鰓（がいさい），ほとんどの魚類では内鰓（ないさい）がみられる．

科 family
属*の上の段階の分類群．多くの場合，外見が似通っている．「科」の学名には必ず"-idae"という接尾語がつく．

外骨格 exoskeleton
体の外側または皮膚の中にある骨格．昆虫類*などにみられる．

外套腔 mantle cavity
軟体動物で，外套膜と内臓嚢の間にあって，えらや肺などの呼吸器官がある空間．

角鱗[盾板] scute
体を覆う角質のプレート．

飾り羽 plume
ディスプレイに使われる長い羽根．ゴクラクチョウなどにみられる．

下層 understory
林冠の下にある，灌木，草本，小さな木などからなる層．

夏眠 estivation
暑い季節に活動を停止，または極度に活動を低下させること．

下毛（かもう） underfur
哺乳類*の毛皮で，長く硬い毛の下の，皮膚の近くにある，高密度で細いウール状の毛．

換羽 molt
鳥類の羽根が新しいものに生え替わること．

環形動物 annelid
同じ形の円盤状の部分が連なって体ができている動物．環形動物門*に分類される．例：ミミズ，ゴカイ，ヒル．

換毛 molt
哺乳類*で毛が定期的（季節的）に生え替わること．

キーストーン種 keystone species
他の多くの種*の生存を全面的あるいは部分的に支える種．

寄生生物 parasite
他の生物（宿主）の体の外についたり中に入ったりして生活し，宿主から栄養分をとる生物．寄生された生物は，悪影響を受けることが多い．

脚鬚（きゃくしゅ） pedipalpus
クモ類のいちばん前の歩脚の直前にある左右一対の小さな脚のようなもの．オスが精子をメスに渡すのに使う．

旧世界 Old World
ユーラシアおよびアフリカ大陸．

吸盤 adhesive disks
両生類*の指先にある平たい円盤状のもので，これによって滑らかで垂直な壁をのぼることができる．

休眠 dormancy
ホルモンのはたらきによって，成長がとまり，代謝が最小限に低下した状態．

鋏角（きょうかく） chelicerae
クモやサソリなどの前体部*のいちばん前にある付属肢．毒を注入するためにあることも多い．

共生 symbiosis
2種の生物の間の密接な関係で，双方に利益があることが多い．

近親交配 inbreeding
遺伝的に近い個体（たとえばいとこ）間での繁殖．遺伝子の構成が単純化し，生存率が下がることがある．

鯨髭 baleen
ヒゲクジラ類の口内にある板状の突起．海水からプランクトンをこしとる「ふるい」の役割を果たす．

クモ形類 arachnid
クモ形綱*に分類される節足動物*の一群．単眼と，4対の足をもつことが特徴．クモやサソリがこの仲間．

クラッチ clutch
メスが1回に産む卵のまとまり．

ケイ藻類 diatoms
微小な単細胞の藻類*．

ケラチン keratin
毛，羽根，爪，保護板などに含まれ，脊椎動物*の肌を守る，硬い繊維質の物質．

原生林 primary forest
一度も伐採されたことがない森林．

綱 class
動物分類群の上位段階の1つ．哺乳類*，昆虫類*，爬虫類*などはいずれも綱である．

恒温動物 homeotherm
代謝によって体温を一定の高温に保つことができる動物．

降河回遊魚 catadromous fish
生活史のほとんどを淡水で過ごすが，産卵のために海に移動する魚類．例：ウナギ．

甲殻類 crustacean
節足動物*門*に含まれる綱*の1つ．5対の足，2本の触角をもち，頭部と胸部が一体化し，外骨格*にカルシウムが含まれるのが典型的な形態．例：カニ，エビ．

光合成 photosynthesis
緑色植物が，日光をエネルギー源として水と二酸化炭素から有機物をつくり出すこと．

行動圏 home range
動物が通常の生活をするために動きまわる範囲．

剛毛 bristle
鳥の羽毛が変化したもので，羽軸がむき出し（部分的な場合もある）で硬い毛のようになっている．ダチョウやサイチョウのまつげのように目を守ったり，ヒタキのように昆虫類*をつかまえる感覚器の役割をもつものがある．

用語解説

個体群 population
同じ種*に属する個体の集まり.

個虫 zooid
コロニーを構成する個々の個体. 通常, サンゴやコケムシ類に用いる語.

固有 endemic
ある1つの地理的範囲のみでみられ, ほかにはいないこと.

昆虫類 insect
昆虫綱*に属する節足動物*で, 空気呼吸をする. 体は頭部, 胸部, 腹部に分かれ, 3対の足をもち, 2対の翅(はね)があるものが多い.

在来 indigenous
ある地域に自然に生息していること. すなわち, 外来種ではないこと.

雑食動物 omnivore
植物と動物を幅広く食べる動物.

さなぎ pupa
昆虫類*の変態の一段階で, 幼虫と成虫の間.

砂漠 desert
雨量が少なく, 一般に, まばらな低木や草原, あるいはまったく植生がないようなところ.

サバンナ savanna
降水量が少ない地域に成立する, 樹木が点々とある開けた草地. ふつう温暖な気候に発達する.

鞘翅(さやばね) wing case
甲虫などの昆虫類*で, 飛ぶ際には使われない外側の硬い羽. 飛ぶ際に使う2対目の羽を守る役割がある.

紫外線B [中波長紫外線] UV-B radiation
DNA*を壊し, 生物に有害な波長をもつ紫外線.

自然淘汰 natural selection
もっとも適応*した個体が, 他の個体よりも生き残り, 子孫を残すという過程. 自然淘汰は, 動物や植物が自然の影響(たとえば捕食や気候の悪条件など)にさらされた状況で進化するときにはたらく, 主要なメカニズムである.

刺胞 nematocyst
クラゲなどの針がある部分. ふつうは触手についている.

種 species
外見が似ていて, 互いに交配して繁殖能力のある子孫を残すことができる個体の集まり.

雌雄同体 hermaphrodite
1個体がオスとメスの両方の生殖器官をもつ動物.

種間交雑 interbreeding
同じ科*の異なる種*や亜種の個体間で起こる繁殖のこと. 遺伝的特徴が薄まることがある.

種間雑種 hybrid
交雑可能な2つの近縁な種*から生まれた子供. 繁殖能力はなく子孫を残せないことが多い.

種分化 speciation
新しい種*ができること. 似通った生物が世代を経るにつれ違いが大きくなり, 別の種になること.

狩猟鳥[ゲームバード] gamebird
キジ目(ツカツクリ, ホウカンチョウ, ライチョウ, ウズラ, キジなどの仲間)の鳥. 合法的に狩猟できる鳥を指すこともある.

植食動物 herbivore
植物を食べる動物(イネ科草本を食べるグレーザーと, 木の葉を食べるブラウザー*がある).

食虫動物 insectivore
昆虫を食べる動物. ヤマアラシ, トガリネズミ, モグラなどの総称としても用いられる(食虫目).

針葉樹林 coniferous forest
北方や山地にみられる, マツ, トウヒ, スギなどの針葉樹が優占する常緑林.

巣立ち fledging
若鳥が飛べるようになること. スズメ目などの鳥類では, 巣から飛び立ったときにあたる.

ステップ steppe
気候が樹木の成長に適さない地域にできる, 開けた草地.

成体 adult
十分に成長して性的に成熟した個体. 鳥類では, 最終段階の羽衣*がみられるものを指す.

生態学 ecology
植物や動物および周辺環境相互の関係を調べる学問.

生態系 ecosystem
植物, 動物, それらの環境が相互に作用を及ぼし合うシステム全体.

生物多様性 biodiversity
種*間や種内にみられるさまざまな変異.

脊椎動物 vertebrate
背骨がある動物(魚類, 両生類*, 爬虫類*, 鳥類, 哺乳類*). 通常, 骨格は硬いが, 軟骨のものもある.

節足動物(門) arthropod
動物界の中で種*数が最大の門*. 硬く節状の外骨格*と, 対になった節状の足をもつ. 昆虫類*, クモ, カニなどが含まれる.

絶滅 extinction
ある種に属する最後の個体が死んでしまい, 永久にその種*が失われてしまうこと.

前体部 prosoma
クモ, サソリ, カブトガニにみられる, 頭部と胸部が一体になった体の部分.

総排泄腔 cloaca
下腹部にある消化管の終末部で, 生殖管, 輸尿管などが一緒に開孔している.

藻類 algae
原始的な植物. 微小な単細胞のものから, 海藻のように非常に大きいものまであるが, 厳密な意味での根や葉をもたない.

遡河(そか)回遊魚 anadromous fish
生活史のほとんどを海で過ごすが, 繁殖のために淡水に移動する魚類. 例: サケ.

属 genus
種*の上の分類段階.

側線 lateral line system
魚類の体に沿って並んだ穴. この穴は神経の末端につながっていて, 魚はこの穴から水の中の震動を感じ取り, 餌や捕食動物*の場所を特定したり, 障害物を避けたりする. 両生類*にもみられる.

退化 vestigial
祖先ではよく発達していた特徴が, いまでは用途がほとんど, あるいはまったくなくなっていること. たとえば, カモで羽を取り除くとみえる尾の先の太いところは, 鳥類の祖先である爬虫類の長い尾の名残である.

代謝率 metabolic rate
呼吸によるガス交換や食物の消化など, 動物の体内で起こる化学変化の速度.

胎生魚 livebearer
子が十分に育ってから産む魚類. 爬虫類*などにも同様の性質をもつものがある.

胎盤 placenta
妊娠期間中, 胎児と母親をつなぎ, 物質のやりとりをするための器官.

脱皮 molt
爬虫類*, 節足動物*で, 定期的に古い外皮から抜け出して新しい外皮を再生すること.

端脚類 amphipod
甲殻類*の1種で, 陸上, 淡水, 海水のいずれにも生息している.

単孔目 monotreme
卵を産む哺乳類*. 例: カモノハシ.

昼行性 diurnal
日中に活動する性質.

超音波 ultrasound
周波数が高すぎて人間の耳には聞こえない音.

ツンドラ tundra
北半球の高緯度地方に広がる, 草本または灌木に覆われた開けた土地.

DNA (デオキシリボ核酸) deoxyribonucleic acid
すべての生物の染色体の主要成分となる物質. 世代から世代へ受け継がれる遺伝情報を

含む．

低木林 scrub
灌木（通常，幹が複数ある）が優占する植生．

適応 adaptation
ある動物のさまざまな特性が，生活する環境にうまく合っていること．進化によって生じたと考えられる．例：保護色．

適応放散 adaptive radiation
近い関係にある動物たち（例：同じ科の仲間）が，異なるニッチ*を占められるように，互いに大きく違った進化をすること．

頭胸部 cephalothorax
甲殻類*にみられる，頭部と胸部が一緒になった部分（前体部*も参照）．

冬眠 hibernation
冬季に，エネルギーを使わないように体温を下げ，活動しなくなること．冬眠用の特別な場所で行われる．

なわばり territory
他の個体の侵入を拒む範囲．

肉垂（にくすい） wattle
通常，くちばしのつけ根にある肉質の突起．

二次林 secondary forest
伐採後に再生した森林．

ニッチ niche
ある生物が占める生息環境．その生物の生活様式のあらゆる面から定義される．

バイオーム biome
同じような植物と動物の存在で特徴づけられる，世界の主な景観．例：砂漠*，ジャングル，森林．

爬虫類 reptile
ワニ，トカゲ，ヘビ，カメ，ムカシトカゲなどを含む変温動物．皮膚が鱗状またはとがったプレート状であるのが特徴．ほとんどが卵生であるが，胎生のものもある．

ハーレム harem
1頭のオスに独占されたメスのグループで，同じなわばりの中で生活する．

繁殖期 breeding season
求愛からつがい形成，そして子の独立までの期間．

反芻動物 ruminant
植物を食べ，後に胃から吐き戻して再度かみ砕くことで，胃の中の微生物による消化を促進する動物．

鼻葉（びよう） noseleaf
コウモリの顔にあり，エコロケーション*のために超音波*を収束させる，肉質の器官．

富栄養化 eutrophication
水中で栄養塩類（硝酸，リンなど）が増加すること．自然状態でも，排水や農業肥料の流入など人為によっても起こる．

フェロモン pheromone
動物が同種の他個体に認識させるために発するにおい．

腹甲 plastron
カメの甲羅の腹側の部分．

複婚 polygamy
1回の繁殖期*に複数の相手と交尾すること．

ブラウザー browser
樹木や灌木の葉を食べる動物．

フラッグシップ種 flagship species
人々の関心をひきつける種*で，もしそれが存在すればその生息地に典型的な他の多くの種もいる可能性が高い種．

プランクトン plankton
水中に漂う動物または植物で，ほとんどは微小．

噴気孔 blowhole
クジラの頭の上に開いている，呼吸するための鼻の穴．

分散 dispersal
若い動物が，生まれ育った場所から離れて生活するために散らばること．

分類学 taxonomy
生物学の一分野で，生物を構造，起源，行動などが似たグループに分類する学問．分類群は，種*，属*，科*，目*，綱*，門*の順に大きくなる．

変温動物 ectotherm
体外の熱源によって体温を上げる動物．外温動物ともいう．

変態 metamorphosis
幼生*が成体*に形を変えること．

抱卵 incubation
卵を温める行為．産卵から孵化までの期間を抱卵期という．

捕食動物 predator
生きた獲物を殺して食べる動物．

哺乳類 mammal
哺乳綱*に分類される恒温の脊椎動物*．メスには子を育てるための乳を出す乳腺がある．コウモリ，霊長類，げっ歯類，クジラなどが含まれる．

ポリプ polyp
サンゴなど，コロニーをつくり，その部分として生活する個体のこと．口だけがある袋状の体をしていて，口のまわりには触腕があることが多い．

繭（まゆ） cocoon
多くの昆虫で，さなぎ*になる前に幼虫を守るためにつくられる覆い．

水鳥 waterfowl
ガンカモ科の鳥類（ハクチョウ，ガン，カモなど）．水辺にすむ他の鳥を含むこともある．

無脊椎動物 invertebrate
体内に背骨（その他の内骨格）がない動物．例：軟体動物，昆虫類*，クラゲ，カニ．

迷宮器官 labyrinth
ある種の魚類にみられる補助的な呼吸器官．

猛禽（もうきん）類 raptor
獲物をつかまえ，殺し，処理するために，かぎ状のくちばしをもち，強力な足にもかぎ爪がある鳥類．昼行性*のワシ，タカ，ハヤブサなどを指すことが多いが，夜行性*のフクロウを含むこともある．

目（もく） order
科*の上の分類段階．

門 phylum
動物で綱*の上の段階にある分類群．動物界は，約30の門に分けられ，脊椎動物*門はその1つにすぎない．

焼畑農業 slash-and-burn agriculture
植生を伐採あるいは刈り倒し，燃やして開墾する農業の方法．

夜行性 nocturnal
夜間に活動する性質．

野生化 feral
家畜が野外に逃げ出し，人の世話にならずに生活していること．

有蹄類 ungulate
ブタ，シカ，ウシ，ウマなど，蹄（ひづめ）をもつ動物群．ほとんどは植食動物*である．

幼生 larva
変態*して成体*になる前の未成熟の個体．

幼体 juvenile
繁殖齢に達していない若い動物．

落葉樹林 deciduous forest
冬季（または乾季）に葉を落とす樹木が優占する森林．

両生類 amphibian
両生綱*に分類される変温性の脊椎動物*．一般に，成体は陸上で生活するが，産卵は水中で行われる．例：カエル，イモリ，サンショウウオ．

林冠 canopy
樹木の枝葉からなる森林の最上層で，連続している（閉じている）場合もあれば，部分的に途切れている（開けている）場合もある．

霊長類 Primates
サルやヒトを含む哺乳類*の目*．

レック lek
メスをひきつけて交尾するため，同一種*のオスが集まる集団ディスプレイの場所．

肋条（ろくじょう） costal grooves
陸生のある種のサンショウウオの体にある，肋骨状のすじ．地面から水分を体の上部に運ぶ役割をする．

参考文献

哺乳類
Macdonald, David, The Encyclopedia of Mammals, Barnes & Noble, New York, U.S., 2001

Payne, Roger, Among Whales, Bantam Press, U.S., 1996

Reeves, R. R., and Leatherwood, S., The Sierra Club Handbook of Whales and Dolphins of the World, Sierra Club, U.S., 1983

Sherrow, Victoria, and Cohen, Sandee, Endangered Mammals of North America, Twenty-First Century Books, U.S., 1995

Whitaker, J. O., Audubon Society Field Guide to North American Mammals, Alfred A. Knopf, New York, U.S., 1996

鳥類
Attenborough, David, The Life of Birds, BBC Books, London, U.K., 1998

BirdLife International, Threatened Birds of the World, Lynx Edicions, Barcelona, Spain and BirdLife International, Cambridge, U.K., 2000

del Hoyo, J., Elliott, A., and Sargatal, J., eds., Handbook of Birds of the World Vols 1 to 6, Lynx Edicions, Barcelona, Spain, 1992–2001

Sayre, April Pulley, Endangered Birds of North America, Scientific American Sourcebooks, Twenty-First Century Books, U.S., 1977

Scott, Shirley L., ed., A Field Guide to the Birds of North America, National Geographic, U.S., 1999

Stattersfield, A., Crosby, M., Long, A., and Wege, D., eds., Endemic Bird Areas of the World: Priorities for Biodiversity Conservation, BirdLife International, Cambridge, U.K., 1998

Thomas, Peggy, Bird Alert: Science of Saving, Twenty-First Century Books, U.S., 2000

魚類
Bannister, Keith, and Campbell, Andrew, The Encyclopedia of Aquatic Life, Facts On File, New York, U.S., 1997

Buttfield, Helen, The Secret Lives of Fishes, Abrams, U.S., 2000

爬虫類・両生類
Corbett, Keith, Conservation of European Reptiles and Amphibians, Christopher Helm, London, U.K., 1989

Corton, Misty, Leopard and Other South African Tortoises, Carapace Press, London, U.K., 2000

Hofrichter, Robert, Amphibians: The World of Frogs, Toads, Salamanders, and Newts, Firefly Books, Canada, 2000

Stafford, Peter, Snakes, Natural History Museum, London, U.K., 2000

昆虫類
Borror, Donald J., and White, Richard E., A Field Guide to Insects: America, North of Mexico, Houghton Mifflin, New York, U.S., 1970

Pyle, Robert Michael, National Audubon Society Field Guide to North American Butterflies, Alfred A. Knopf, New York, U.S., 1995

全般
Adams, Douglas, and Carwardine, Mark, Last Chance to See, Random House, London, U.K., 1992

Allaby, Michael, The Concise Oxford Dictionary of Ecology, Oxford University Press, Oxford, U.K., 1998

Douglas, Dougal, and others, Atlas of Life on Earth, Barnes & Noble, New York, U.S., 2001

National Wildlife Federation, Endangered Species: Wild and Rare, McGraw-Hill, U.S., 1996

ウェブサイト (2008年3月現在)

http://www.abcbirds.org/
American Bird Conservancy（アメリカン・バード・コンサーバンシー）．南北アメリカでの鳥類保護活動についての情報が得られる．

http://amphibiaweb.org/
両生類とその保護に関する情報が得られる．

http://animaldiversity.ummz.umich.edu
ミシガン大学動物学博物館の，動物の多様性に関するサイト．動物についての情報や写真を綱，科，一般名から検索できる．用語解説あり．

http://www.birdlife.org
世界100カ国以上で鳥類とその生息地の保護のために活動する団体の連合組織，バードライフ・インターナショナルのサイト．

http://surfbirds.com
記事，写真，ニュース，本，書評，バードウォッチング関連情報などが得られる．

http://www.cites.org/
ワシントン条約掲載種のリスト．目，科，属，種の学名または一般名で検索可能．国ごとにまとめられ，登録の理由もわかる．

http://www.darwinfoundation.org/
チャールズ・ダーウィン研究所のサイト．

http://www.amphibians.org./
両生類の減少に関する情報，データを提供（責任者のティム・ハリデー教授は，本書の著者のひとり）．

http://www.ucmp.berkeley.edu/echinodermata/echinodermata.html
棘皮（きょくひ）動物門（ヒトデ，ウニなど）についてのサイト．

http://www.fws.gov/endangered/
米国魚類野生生物局による絶滅危惧動植物に関する情報サイト．魚類野生生物局は，3800万haの鳥獣保護区を管理している．

http://forests.org/
森林保護についての情報が得られる．

http://www.traffic.org/turtles/
淡水域のカメについてのサイト．

http://www.iucn.org/
さまざまな生物，IUCN絶滅危惧種リスト，IUCNの出版物などについて詳細な情報が得られる．

http://www.pbs.org/journeyintoamazonia
アマゾンの熱帯雨林とその生物多様性に関するサイト．

http://www.audubon.org/
鳥類学者で野生動物アーティストであったジョン・ジェームズ・オーデュボン（1785–1851）にちなんで名づけられたナショナル・オーデュボン協会のサイト．教育，各地のオーデュボン協会支部，鳥の見分け方などの情報が得られる．

http://www.nccnsw.org.au/
オーストラリアに生息する，絶滅に瀕する種についてのサイト．

http://oceanconservancy.org/
海の生物についての情報，写真，なぞなど．

http://www.nature.nps.gov/biology/
アメリカの国立公園局の生物に関するサイト．国立公園内でみられるさまざまな動物についての情報が得られる．

http://www.ewt.org.za
南アフリカの絶滅に瀕する野生動物に関するサイト．

http://www.panda.org/
世界自然保護基金（WWF）のサイト．ニュース，プレスリリース，政府の動き，キャンペーンなどの情報が得られる．テーマ別の写真集もある．

http://www.wwt.org.uk/
水鳥湿地トラスト（Wildfowl & Wetlands Trust：イギリス）のサイト．芸術家でナチュラリストだったピーター・スコット卿が設立．この団体は，希少な水鳥のために湿地を守ることを目指している．観察地や絶滅のおそれのある水鳥に関する情報が得られる．

http://www.wdcs.org/
クジラ・イルカ保護協会（Whale and Dolphin Conservation Society）のサイト．ニュース，プロジェクト，キャンペーンに関する情報のほか，目撃情報などが得られる．

謝　辞

筆者および出版者一同は，以下の方々と団体に感謝申し上げます．アクアマリン・インターナショナル・スリランカ（とくにアナンダ・パシラナ氏），イギリスのAquarist & Pond Keeper Magazine誌，バードライフ・インターナショナル（世界100カ国以上で鳥類とその生息地の保全に携わる団体のネットワーク）．デイビッド・キャッパー氏，ガイ・ダトソン氏，アリソン・スタッターズフィールド氏，シルビア・クラーク氏（南オーストラリアのThreatened Wildlife），マーク・クッカー氏（作家で鳥類愛好家），デイビッド・カラン氏（イギリスのスパイニーイール専門家），メアリーデール・ドネリー氏（IUCNのウミガメ専門家），スベイン・フォッサ氏（ノルウェーの水域コンサルタント），リチャード・ギブソン氏（チャンネル諸島のJersey Wildlife Preservation Trust），ポール・ホスキッソン氏（リバプール・ジョン・モアス大学），デレック・ランバート氏・パット・ランバート氏（淡水の胎生魚専門家），スリランカのLumbini Aquaria Wayamba社（とくにジャヤンサ・ラマシンギ氏とビブ・ペレラ氏），イソルダ・マクジョージ氏（チェスター動物園），ジェームズ・ペラン・ロス博士（IUCNワニ専門家），ロンドン動物園協会（とくにマイケル・パルマー氏，アン・シルフ氏，そして図書館スタッフ）．

写真提供

略号

AL	Ardea London
BBC	BBC Natural History Unit
BCC	Bruce Coleman Collection
FLPA	Frank Lane Photographic Agency
NHPA	Natural History Photographic Agency
OSF	Oxford Scientific Films
PEP	Planet Earth Pictures

b = 下，**c** = 中央，**t** = 上，**l** = 左，**r** = 右

7 Keren Su/OSF, **11t** Papilio Photographic, **11b** Mark Newman/FLPA, **12** Tui De Roy/OSF, **12–13** Norbert Rosing/OSF, **13** International Union for the Conservation of Nature, **15** Edwin Mickelburgh/AL, **16–17** Stan Osolinski/OSF, **18** Marty Cordano/OSF, **18–19** Frants Hartmann/FLPA, **21** Jeff Foott/BBC, **23l** François Gohier/AL, **23r** W. Wisniewski/FLPA, **24** P. Morris, **25** Anup Shah/BBC, **26** Bruce Coleman Inc./BCC, **27** François Gohier/AL, **30** D. Parer & E. Parer-Cook/AL, **32–33** & **34** Jürgen Freund/BBC, **35t** Adrian Warren/AL, **35b** M. Watson/AL, **39** P. Morris, **40** François Gohier/AL, **41** Kathie Atkinson/OSF, **42** Earth Scenes/Bates Littlehales/OSF, **43t** P. J. DeVries/OSF, **43b** Piers Cavendish/AL, **44–45** Jose B. Ruiz/BBC, **45** Masahiro Iijima/AL, **46** David Currey/NHPA, **47t** Karl Amman/BBC, **47b** Ron & Valerie Taylor/AL, **48** Colin Monteath/OSF, **49** Bettmann/Corbis, **50** Karl Amman/BBC, **51t** Howard Hall/OSF, **51b** Jeff Foott/BCC, **52** Mark Hamblin/OSF, **52–53** Marty Cordano/OSF, **53** Richard Packwood/OSF, **54** David Woodfall/NHPA, **55** Bengt Lundberg/BBC, **56t** Jean-Paul Ferrero/AL, **56b** Mary Ann Mcdonald/BBC, **57** Pacific Stock/BCC, **58** Christophe Ratier/NHPA, **59l** Kenneth W. Fink/AL, **59r** Martin Harvey/NHPA, **60–61** Daniel J. Cox/OSF, **63** Chris Harvey/AL, **64t** H. Clark/FLPA, **64b** Howard Hall/OSF, **66** Laurie Campbell/NHPA, **68t** Robin Bush/OSF, **68b** Martin Harvey/NHPA, **70–71** Richard Herrmann/OSF, **71** Linda Lewis/FLPA, **73** David Woodfall/NHPA, **74t** Pacific Stock/BCC, **74b** Daniel Heuclin/NHPA, **76** & **77** Robert & Valerie Davies, **79** Bruce Coleman Inc./BCC, **82–83** Alastair Shay/OSF, **84** Norbert Wu/NHPA, **85** Roger Tidman/FLPA, **87l** Laurence Gould/OSF, **87r** Lon E. Lauber/OSF, **88t** Marty Cordano/OSF, **88b** R. Gibson, **89** Mark Bowler/NHPA, **90** Animals Animals/Gary W. Griffin/OSF, **91l** Jean-Paul Ferrero/AL, **91r** Chris Harvey/AL, **92–93** Rich Kirchner/NHPA, **93** Staffan Widstrand/BCC, **94** David Tipling/OSF, **94–95** Martin Wendler/NHPA, **95** Stephen J. Krasemann/NHPA, **96** P. Morris, **97t** Martin Harvey/NHPA, **97b** Terry Whittaker/FLPA.

図版制作者

Graham Allen, Norman Arlott, Priscilla Barrett, Trevor Boyer, Ad Cameron, David Dennis, Karen Hiscock, Chloe Talbot Kelly, Mick Loates, Michael Long, Malcolm McGregor, Denys Ovenden, Oxford Illustrators, John Sibbick, Joseph Tomelleri, Dick Twinney, Ian Willis.

分類群ごとの動物名リスト

下のリストにあるのは，アイウエオ順の見開き項目で取り上げた動物の和名である．哺乳類，鳥類，魚類，爬虫類，両生類，昆虫・無脊椎動物などのように，無脊椎動物を除き，「綱」ごとにまとめてある．

太字の数字は巻番号を表し，その後の数字は見開きページの最初のページ番号を表す．

哺乳類

アイアイ **2**:6
アザラシ
  チチュウカイモンクアザラシ **2**:14
  ハイイロアザラシ **2**:16
  バイカルアザラシ **2**:18
  ハワイモンクアザラシ **2**:20
アダックス **2**:24
アミメキリン **2**:28
イルカ
  アマゾンカワイルカ **2**:62
  シロイルカ **2**:64
  ネズミイルカ **2**:66
  ヨウスコウカワイルカ **2**:68
インドライオン **2**:84
インドリ **2**:86
ウサギ
  アマミノクロウサギ **2**:94
  アラゲウサギ **2**:96
  メキシコウサギ **3**:6
エートケンスミントプシス **3**:10
オオアリクイ **3**:16
オオアルマジロ **3**:18
オオカミ
  アカオオカミ **3**:24
  エチオピアオオカミ **3**:26
  オオカミ **3**:28
  タテガミオオカミ **3**:30
  フォークランドオオカミ **3**:32
オオコウモリ
  クビワオオコウモリ **3**:34
  ロドリゲスオオコウモリ **3**:36
オカピ **3**:50
オグロプレーリードッグ **3**:52
オットセイ **3**:56
オナガセンザンコウ **3**:58
オランウータン **3**:60
オリックス
  アラビアオリックス **3**:62
  シロオリックス **3**:64
ガウア（ガウル） **3**:68
カモノハシ **4**:40
カワウソ
  オオカワウソ **4**:50
  カワウソ **4**:52
カンガルー
  アシナガネズミカンガルー **4**:54
  セスジキノボリカンガルー **4**:56
キタケバナウォンバット **4**:62
キタリス **4**:66
キツネザル
  エリマキキツネザル **4**:68
  ミミゲコビトキツネザル **4**:70

キバノロ **4**:72
キューバソレノドン **4**:76
クアッガ **4**:80
クジラ
  イワシクジラ **4**:90
  コククジラ **4**:92
  ザトウクジラ **4**:94
  シロナガスクジラ **4**:96
  セミクジラ **5**:6
  ナガスクジラ **5**:8
  マッコウクジラ **5**:10
  ミンククジラ **5**:12
クーズー **5**:14
クズリ **5**:16
クマ
  ナマケグマ **5**:20
  ヒグマ **5**:22
  ホッキョクグマ **5**:24
  メガネグマ **5**:26
クマネズミ **5**:28
クロアシイタチ **5**:34
クロテテナガザル **5**:38
クロフクスス **5**:44
ゲラダヒヒ **5**:48
ゲルディモンキー **5**:50
コアラ **5**:52
コウモリ
  エチオピアホオヒゲコウモリ **5**:54
  オオホオヒゲコウモリ **5**:56
  オーストラリアオオアラコウモリ **5**:58
  キクガシラコウモリ **5**:60
  キティブタバナコウモリ **5**:62
  ハイイロホオヒゲコウモリ **5**:64
コシキハネジネズミ **5**:68
コビトカバ（リベリアカバ） **5**:72
コープレイ（クープレイ） **5**:74
ゴリラ
  ニシローランドゴリラ **5**:78
  マウンテンゴリラ **5**:80
ゴールデンカンムリシファカ **5**:82
ゴールデンライオンタマリン **5**:84
サイ
  インドサイ **5**:90
  クロサイ **5**:92
  ジャワサイ **5**:94
  シロサイ **5**:96
  スマトラサイ **6**:6
サイガ **6**:8
サオラ（ブークアンオックス） **6**:10
シフゾウ **6**:44
シベリアジャコウジカ **6**:46
シマウマ
  グレビーシマウマ **6**:48
  ヤマシマウマ **6**:50
ジャガー **6**:54
シャチ **6**:56
ジャマイカフチア **6**:58
ジュゴン **6**:60
スウィフトギツネ **6**:72
ステップナキウサギ **6**:82
ステラーカイギュウ **6**:84
スレンダーロリス **6**:90

ゾウ
  アジアゾウ **7**:10
  アフリカゾウ **7**:12
ソメワケダイカー **7**:14
ターキン **7**:22
タテガミミツユビナマケモノ **7**:24
ダマガゼル **7**:28
チーター **7**:32
チビオチンチラ **7**:34
チルー **7**:44
チンパンジー
  チンパンジー（ナミチンパンジー） **7**:46
  ピグミーチンパンジー（ボノボ） **7**:48
テキサスオセロット **7**:54
テングザル **7**:58
ドゥクモンキー（ドゥクラングール） **7**:60
トド **7**:72
トラ **7**:78
ドリル **7**:84
ドール **7**:86
ニシシマバンディクート **8**:8
ニホンザル **8**:10
ニルギリタール **8**:12
ヌビアアイベックス **8**:14
ネコ
  イリオモテヤマネコ **8**:16
  スペインオオヤマネコ **8**:18
  ヨーロッパヤマネコ **8**:20
ネズミ
  エチオピアオオタケネズミ **8**:22
  セントキルダモリアカネズミ **8**:24
  ブコビンモグラネズミ **8**:26
ネズミクイ **8**:28
ハイエナ
  カッショクハイエナ **8**:40
  ブチハイエナ **8**:42
バイソン
  アメリカバイソン **8**:44
  ヨーロッパバイソン **8**:46
ハイナンジムヌラ **8**:48
バウェアンジカ **8**:50
バク
  ベアードバク **8**:52
  マレーバク **8**:54
バーバリーエイプ（バーバリーマカク） **8**:76
バーバリーシープ **8**:78
バビルサ **8**:80
パンダ
  ジャイアントパンダ **8**:94
  レッサーパンダ **8**:96
バンテン **9**:8
ビクーニャ **9**:12
ヒョウ
  ウンピョウ **9**:16
  ヒョウ **9**:18
  ユキヒョウ **9**:20
フィリピンヒゲイノシシ **9**:28
フィリピンヒヨケザル **9**:30
フォッサ **9**:34
フクロアリクイ **9**:36

フクロオオカミ（タスマニアオオカミ） **9**:44
フクロモグラ **9**:46
フクロモモンガダマシ **9**:48
フタコブラクダ **9**:50
ブラックバック **9**:56
ブーラミス **9**:58
プロサーパインイワワラビー **9**:62
フロリダピューマ **9**:64
フロリダマナティー **9**:66
ポタモガーレ **9**:92
マウンテンニアラ **10**:6
マーコール **10**:10
マツテン **10**:14
マホガニーフクロモモンガ **10**:16
ミズテンレック **10**:20
ミユビハリモグラ（ナガハシハリモグラ） **10**:30
モウコノウマ **10**:36
ヤク **10**:42
ヤブイヌ **10**:44
ヤマアノア **10**:46
ヤマネ
  ニホンヤマネ **10**:48
  メガネヤマネ **10**:50
  ヨーロッパヤマネ **10**:52
ヨーロッパハタリス **10**:58
ヨーロッパビーバー **10**:60
ヨーロッパミンク **10**:64
ラッコ **10**:68
リカオン **10**:70
ロシアデスマン **10**:80
ロバ
  アジアノロバ **10**:84
  アフリカノロバ **10**:86

鳥類

アオフウチョウ **2**:8
アカトビ **2**:10
アカハシサイチョウ **2**:12
アメリカシロヅル **2**:32
アルジェリアゴジュウカラ **2**:42
アンデスフラミンゴ **2**:46
イワカモメ **2**:70
インコ
  アオコンゴウインコ **2**:72
  オウボウシインコ **2**:74
  クロボタンインコ **2**:76
  スミレコンゴウインコ **2**:78
  ヒメフクロウインコ **2**:80
オウム
  フクロウオウム **3**:12
  ミヤマオウム **3**:14
オオウミガラス **3**:20
オオオビハシカイツブリ（グアテマラカイツブリ） **3**:22
オオハゲコウ **3**:44
オオハシゴシキドリ **3**:46
オオバタン **3**:48
カグー **3**:96
カザリキヌバネドリ（ケツァール） **4**:6
カートランドアメリカムシクイ **4**:8
カモ

カオジロオタテガモ 4:34
カササギガモ 4:36
トモエガモ 4:38
ガラパゴスコバネウ 4:42
ガラパゴスペンギン 4:44
カリフォルニアコンドル 4:46
カンムリウミスズメ 4:58
カンムリシロムク 4:60
キタタテジマキーウィ 4:64
キバラムクドリモドキ 4:74
クイナ
　ウズラクイナ 4:84
　グアムクイナ 4:86
クサムラツカツクリ 4:88
クビワスナバシリ 5:18
クロツラヘラサギ 5:36
クロハラシマヤイロチョウ 5:40
クロハリオツバメ 5:42
コキンチョウ 5:66
コバシニセタイヨウチョウ 5:70
コンゴクジャク 5:88
サンカノゴイ 6:26
シギ
　エスキモーコシャクシギ 6:28
　クロセイタカシギ 6:30
　ヘラシギ 6:32
ショウジョウヒワ 6:62
シロエリハゲワシ 6:68
ズグロマイコドリ 6:74
ズグロモズモドキ 6:76
セーシェルシキチョウ 6:94
セジマミソサザイ 6:96
タカへ（ノトルニス）7:20
チョウゲンボウ
　ヒメチョウゲンボウ 7:36
　モーリシャスチョウゲンボウ 7:38
ツノオオバン 7:50
ツノシャクケイ 7:52
ドードー 7:74
ナキハクチョウ 7:92
ニシアカガシラエボシドリ 7:94
ニシオウギタイランチョウ 7:96
ニシキフウキンチョウ 8:6
ノガン 8:30
ノドアカカワガラス 8:32
ノドジロクサムラドリ 8:34
ハイイロペリカン 8:38
ハゲメドリ 8:56
ハシジロキツツキ 8:58
ハシボソヨシキリ 8:60
ハチドリ
　オナガラケットハチドリ 8:62
　フェルナンデスベニイタダキハチドリ 8:64
　マメハチドリ 8:66
ハト
　オウギバト 8:70
　モーリシャスバト 8:72
パプアニワシドリ 8:82
バミューダミズナギドリ 8:84
ハワイガラス 8:90
ハワイガン 8:92
ヒクイドリ 9:10
ヒゲドリ 9:14
フエコチドリ 9:32
フクロウ

シマフクロウ 9:38
ニシアメリカフクロウ 9:40
マダガスカルメンフクロウ 9:42
ベニジュケイ 9:68
ヘルメットモズ 9:78
ホオアカトキ 9:84
ホオジロシマアカゲラ 9:86
ホオダレムクドリ 9:88
マングローブフィンチ 10:18
ミツスイ
　カワリハシハワイミツスイ 10:22
　キガオミツスイ 10:24
ムナジロクイナモドキ 10:32
モーリシャスベニノジコ 10:40
ラザコヒバリ 10:66
ワシ
　イベリアカタシロワシ 10:88
　オウギワシ 10:90
　オオワシ 10:92
　フィリピンワシ 10:94
ワタリアホウドリ 10:96

魚　類
アジアアロワナ 2:22
アラバマケーブフィッシュ 2:36
イカンテモレ 2:48
イースタンプロヴィンスロッキー 2:58
ウェスタンアーチャーフィッシュ 2:88
ウォータークレスダーター 2:90
オーストラリアハイギョ 3:54
オルネイトパラダイスフィッシュ 3:66
クアトロシエネガスプラティ 4:82
クロマグロ 5:46
ゴールドソーフィングーデア 5:86
サメ
　ウバザメ 6:12
　ジンベエザメ 6:14
　ホホジロザメ 6:16
シクリッド類 6:34
シーラカンス 6:64
シルバーシャーク 6:66
スプリングピグミーサンフィッシュ 6:86
スワンガラクシアス 6:92
ゼノポエシルス 7:6
タイセイヨウタラ 7:16
ダニューブサーモン 7:26
チョウザメ
　バルトチョウザメ 7:40
　ヘラチョウザメ 7:42
デビルズホールパプフィッシュ 7:56
トトアバ 7:76
トラウトコッド 7:80
ドワーフピグミーゴビー 7:88
ナイズナシーホース 7:90
バテリアフラワーラスボラ 8:68
バードダニオ 8:74
バレンシアトゥースカープ 8:86
バンデューラバルブス 9:6
ピラルク 9:24
ブラインドケーブカラシン 9:54
フレッシュウォーターアンチョビー

9:60
マウンテンブラックサイドデイス 10:8
マスクトエンゼルフィッシュ 10:12
メコンオオナマズ 10:34
モハーラカラコレラ 10:38
レイクワナムレインボーフィッシュ 10:72
レイザーバックサッカー 10:74
レッサースパイニーイール 10:76

爬虫類
アメリカワニ 2:34
アリゲーター
　アメリカアリゲーター 2:38
　ヨウスコウアリゲーター 2:40
アンティグアレーサー 2:44
イグアナ
　ウミイグアナ 2:50
　ガラパゴスオカイグアナ 2:52
　グランドケイマンイワイグアナ 2:54
　タテガミフィジーイグアナ 2:56
インドガビアル 2:82
ウォマ 2:92
カナヘビ
　イビーサカベカナヘビ 4:10
　ニワカナヘビ 4:12
カメ
　アラバマアカハラガメ 4:14
　エジプトリクガメ 4:16
　ガラパゴスゾウガメ 4:18
　キマダラチズガメ 4:20
　クビカシガメ 4:22
　サバクゴファーガメ 4:24
　ヘサキリクガメ 4:26
　ホシヤブガメ 4:28
　ミスジハコガメ 4:30
　ミューレンバーグイシガメ 4:32
ギュンターヒルヤモリ 4:78
コモドオオトカゲ 5:76
スッポンモドキ 6:80
セントルシアウィップテイル 7:8
タイマイ 7:18
トカゲ
　アメリカドクトカゲ 7:62
　コアオジタトカゲ 7:64
　ヒラオツノトカゲ 7:66
　マルハナヒョウトカゲ 7:68
　ムカシトカゲ 7:70
ヒョウモンナメラ 9:22
フトクビスジホソオドラゴン 9:52
ヘビ
　サンフランシスコガーターヘビ 9:70
　トウブインディゴヘビ 9:72
　ミロスクサリヘビ 9:74
ボア
　ジャマイカボア 9:80
　マダガスカルボア 9:82
ミノールカメレオン 10:28

両生類
オオサンショウウオ 3:38
カエル
　アカアシガエル 3:70

アカトマトガエル 3:72
アデヤカヤセフキヤガエル 3:74
オスアカヒキガエル 3:76
カモノハシガエル 3:78
キンスジアメガエル 3:80
ケアンズタニガエル 3:82
コロボリーヒキガエルモドキ 3:84
セイブヒキガエル 3:86
ナタージャックヒキガエル 3:88
ハミルトンムカシガエル 3:90
マジョルカサンバガエル 3:92
マダガスカルキンイロガエル 3:94
サラマンダー
　カリフォルニアタイガーサラマンダー 6:18
　サンタクルズユビナガサラマンダー 6:20
　メキシコサラマンダー 6:22
　ワシタセアカサラマンダー 6:24
ホクオウクシイモリ 9:90
ホライモリ 9:94

昆虫・無脊椎動物
アポロウスバシロチョウ 2:26
アメリカカブトガニ 2:30
イトトンボの1種：Southern damselfly 2:60
エゾトンボの1種：Orange-spotted emerald 3:8
オオシャコガイ 3:40
オオチャイロハナムグリの1種：Hermit beetle 3:42
カリフォルニアベイカクレガニ 4:48
クモ
　クラークハシリグモ 5:30
　ホラズミコモリグモ 5:32
シジミチョウ
　アバロンカラスシジミ 6:36
　アリオンゴマシジミ 6:38
　エルメスベニシジミ 6:40
　オオベニシジミ 6:42
ジャイアントギプスランドアースワーム 6:52
シワバネヒラタオサムシ 6:70
スターレットイソギンチャク 6:78
スペングラーシンジュガイ 6:88
チスイビル（医用ビル）7:30
トリバネアゲハ類 7:82
ノーブルクレイフィッシュ 8:36
パロロワーム（南太平洋パロロ）8:88
ピンクシーファン 9:26
ベルベットワーム 9:76
ポリネシアマイマイ類 9:96
ミドリイトマキヒトデ 10:26
ヨーロッパエゾアカヤマアリ 10:54
ヨーロッパオオウニ 10:56
ヨーロッパミヤマカミキリ 10:62
レッドニードタランチュラ 10:78
ロドリゲスヒモムシ 10:82

学名・和名索引

太字の数字は巻番号を表し，その後の数字は関連ページ番号を表す（例，**1**:52, 74）．

アイウエオ順の見開き項目として扱われた動物だけでなく，データパネルで「近縁の絶滅危惧種」として紹介した動物もリストされている．

下線を引いたページ数字（例，**2**:12）は，見開き項目として扱われた種で，2ページある解説の最初のページを示す．

この図鑑シリーズの別のところにも写真やイラストがある場合は，イタリック体（例，*1*:57）で示してある．

学　名

A

Aceros
　A. everetti　**2**:12
　A. leucocephalus　**2**:12
　A. narcondami　**2**:12
　A. nipalensis　**2**:12
　A. subruficollis　**2**:12
　A. waldeni　**2**:12
Acestrura bombus　**8**:64
Acinonyx jubatus　**7**:32; **8**:18
Acipenser
　A. nudiventris　**7**:40
　A. sturio　**7**:40
Acrantophis dumerili　**9**:82
Acrocephalus
　A. familiaris　**8**:60
　A. paludicola　**8**:60
　A. sorghophilus　**8**:60
　A. tangorum　**8**:60
Addax nasomaculatus　**2**:24
Adelocosa anops　**5**:30, 32
Adrianichthys kruyti　**7**:6
Aegialia concinna　**3**:42
Aegypius monachus　**6**:68
Aepypodius bruijnii　**4**:88
Afropavo congensis　**5**:88
Agapornis
　A. fischeri　**2**:76
　A. nigrigenis　**2**:76
Agelaius xanthomus　**4**:74
Aglaeactis aliciae　**8**:64
Ailuroedus dentirostris　**8**:82
Ailuropoda melanoleuca　**8**:94, 97
Ailurus fulgens　**8**:95, 96
Alauda razae　**10**:66
Alligator
　A. mississippiensis　**2**:38
　A. sinensis　**2**:40
Allocebus trichotis　**4**:70
Allotoca maculata　**5**:86
Alsophis
　A. antiguae　**2**:44
　A. ater　**2**:44
　A. rijearsmai　**2**:44
　A. rufiventris　**2**:44
Alytes
　A. disckhilleni　**3**:92
　A. multensis　**3**:92
Amandava Formosa　**5**:66
Amazona
　A. agilis　**2**:74
　A. arausiaca　**2**:74
　A. collaria　**2**:74
　A. guildingii　**2**:74
　A. imperialis　**2**:74
　A. leucocephala　**2**:74
　A. ventralis　**2**:74
　A. versicolor　**2**:74
　A. vittata　**2**:74
Amblyopsis
　A. rosae　**2**:36
　A. spelaea　**2**:36
　A. flavifrons　**8**:82
Amblyrhnchus cristatus　**2**:50
Ambystoma
　A. californiense　**6**:18, 20, 22
　A. cingulatum　**6**:18
　A. lermaense　**6**:18
　A. macrodactylum croceum　**6**:20
　A. mexicanum　**6**:18, 20, 22
Ameca splendens　**5**:86
Ammotragus lervia　**8**:78
Anas
　A. bernieri　**4**:38
　A. chlorotis　**4**:38
　A. eatoni　**4**:38
　A. formosa　**4**:38
　A. laysanensis　**8**:92
　A. nesiotis　**4**:38
　A. wyvilliana　**8**:92
Andrias
　A. davidianus　**3**:38
　A. japonicus　**3**:38
Anodorhynchus
　A. glaucus　**2**:72, 79
　A. hyacinthinus　**2**:72
　A. leari　**2**:72, 79
　A. hyacinthinus　**2**:78
Anser erythropus　**8**:92
Anthornis melanocephala　**10**:24
Anthracoceros
　A. marchei　**2**:12
　A. montani　**2**:12
Antilope cervicapra　**9**:56
Antilophia bokermanni　**6**:74
Aplonis
　A. brunneicapilla　**4**:60
　A. pelzelni　**4**:60
Apodemus sylvaticus hirtensis　**8**:24
Apteryx
　A. australis　**4**:65
　A. haastii　**4**:65
　A. mantelli　**4**:64
　A. owenii　**4**:65
Aquila
　A. adalberti　**10**:88
　A. clanga　**10**:88
　A. heliaca　**10**:88
Ara
　A. glaucogularis　**2**:72, 79
　A. rubrogenys　**2**:79
Aramidopsis palteni　**4**:84
Arapaima gigas　**2**:22; **9**:24
Archboldia papuensis　**8**:82
Arctocephalus
　A. galapagoensis　**3**:56; **7**:72
　A. philippii　**3**:56; **7**:72
　A. townsendi　**3**:56; **7**:72
Ardeotis nigriceps　**8**:30
Aspidites ramsayi　**2**:92
Astacus
　A. astacus　**8**:36
Asterina phylactica　**10**:26
Astyanax mexicanus　**9**:54
Atelopus varius　**3**:74
Atlantisia rogersi　**4**:84
Atlapetes flaviceps　**10**:18
Atrichornis
　A. clamosus　**8**:34
　A. rufescens　**8**:34
Austroglanis barnardi　**10**:34
Avahi occidentalis　**2**:86; **5**:83
Axis kuhlii　**4**:72; **6**:45; **8**:50

B

Babyrousa babyrussa　**8**:80; **9**:28
Balaenoptera
　B. acutorostrata　**4**:90, 95, 96; **5**:9, 12
　B. borealis　**4**:90, 95, 96; **5**:12
　B. musculus　**4**:90, 95, 96; **5**:9, 12
　B. physalus　**4**:90, 95, 96; **5**:8, 12
Balantiocheilos melanopterus　**6**:66
Balantiopteryx infusca　**5**:62
Barbus（*Puntius*）
　B.（*P.*）*asoka*　**9**:6
　B.（*P.*）*bandula*　**9**:6
　B.（*P.*）*cumingii*　**9**:6
　B.（*P.*）*martenstyni*　**9**:6
　B.（*P.*）*nigrofasciatus*　**9**:6
　B.（*P.*）*pleurotaenia*　**9**:6
　B.（*P.*）*titteya*　**9**:6
Basilornis galeatus　**4**:60
Belontia signata　**3**:66
Bettongia tropica　**4**:54
Bison
　B. bison　**8**:44, 46; **10**:42
　B. bonasus　**8**:44, 46
Boa madagascariensis　**9**:82
Bos
　B. frontalis　**3**:68; **7**:22
　B. grunniens　**3**:68; **5**:74; **7**:22; **9**:8; **10**:42
　B. javanicus　**3**:68; **5**:74; **9**:8
　B. sauveli　**3**:68; **5**:74; **7**:22; **9**:8
Bostrychia bocagei　**9**:84
Botaurus
　B. poiciloptilus　**6**:26
　B. stellaris　**6**:26
Brachylophus
　B. fasciatus　**2**:56
　B. vitiensis　**2**:56
Brachyramphus marmoratus　**4**:58
Bradypus torquatus　**7**:24
Branta
　B. ruficollis　**8**:92
　B. sandvicensis　**8**:92
Bubalus
　B. bubalis　**10**:46
　B. depressicornis　**5**:74; **10**:46
　B. mindorensis　**10**:46
　B. quarlesi　**3**:68; **5**:74; **7**:22; **10**:46
Bubo
　B. blakistoni　**9**:38, 40
　B. nipalensis　**9**:38
　B. philippensis　**9**:38
　B. vosseleri　**9**:38
Budorcas taxicolor　**7**:22
Bufo
　B. amatolicus　**3**:76, 86, 88
　B. boreas　**3**:76, 86, 88
　B. calamita　**3**:88
　B. canorus　**3**:76, 86, 88
　B. exsul　**3**:76, 86, 88
　B. houstonensis　**3**:76, 86, 88
　B. nelsoni　**3**:76, 86, 88
　B. periglenes　**3**:76
Bunolagus monticularis　**2**:94
Burramys parvus　**9**:58

C

Cacatua
　C. alba　**3**:48
　C. goffini　**3**:48
　C. haematuropygia　**3**:48
　C. moluccensis　**3**:48
　C. sulphurea　**3**:48
Calicalicus rufocarpalis　**9**:79
Callaeas cinerea　**9**:88
Callimico goeldii　**5**:50
Callithrix
　C. flaviceps　**5**:50
　C. nigriceps　**5**:50
Callorhinus ursinus　**3**:56; **7**:72
Calotes liocephalus　**9**:52
Camarhynchus heliobates　**10**:18
Camelus bactrianus　**9**:12, 50
Campephilus
　C. imperialis　**8**:58
　C. principalis　**8**:58; **9**:86
Camptorhynchus labradorius　**4**:36
Canis
　C. lupus　**3**:24, 28
　C. rufus　**3**:24, 26, 28, 31, 32; **6**:73; **7**:87; **10**:44
　C. simensis　**3**:26, 28, 31, 32; **6**:73; **7**:87; **10**:44
Caphalopterus glabricollis　**9**:14

105

Capito
   C. hypoleucus **3**:46
   C. quinticolor **3**:46
   C. squamatus **3**:46
Capra
   C. falconeri **8**:14, 78; **10**:10
   C. nubiana **8**:14; **10**:11
   C. walie **8**:14; **10**:11
Caprolagus hispidus **2**:94, 96; **3**:6
Carabus
   C. intricatus **6**:70
   C. olympiae **6**:70
Carcharhinus
   C. limbatus **6**:14
   C. plumbeus **6**:14
Carcharias
   C. obscurus **6**:14
   C. taurus **6**:14
Carcharodon carcharias **6**:14, 16
Carcinoscorpius rotundicoruda **2**:30
Carduelis
   C. cucullata **6**:62
   C. johannis **6**:62
   C. siemiradzkii **6**:62
   C. yarrellii **6**:62
Carettochelys insculpta **6**:80
Carpodectes antoniae **9**:14
Castor fiber **10**:60
Casuarius
   C. bennetti **9**:10
   C. casuarius **9**:10
   C. unappendiculatus **9**:10
Catopuma badia **8**:16
Centropyge resplendens **10**:13
Cephalophus
   C. adersi **7**:15
   C. jentinki **7**:14, 28
   C. nigrifrons **7**:15
Cephalorhynchus hectori **6**:56
Cerambyx cerdo **10**:62
Ceratophora tennentii **9**:52
Ceratotherium simum **5**:90, 93, 94, 96; **6**:6
Cercartetus macrurus **9**:58
Cetorhinus maximus **6**:12, 14
Chaetophractus retusus **3**:18
Characodon lateralis **5**:86
Charadrius melodus **9**:32
Charadrius
   C. montanus **9**:32
   C. obscurus **9**:32
   C. rubricollis **9**:32
   C. sanctaehelenaei **9**:32
Chinchilla
   C. brevicaudata **7**:34
   C. lanigera **7**:34
Chlamydogobius squamigenus **7**:88
Chlamydotis undulata **8**:30
Chlamyphorus truncates **3**:18
Chlorochrysa nitidissima **10**:18
Chloropipo flavicapilla **6**:74
Choloepus
   C. didactylus **7**:24
   C. hoffmanni **7**:24
Chondrohierax wilsonii **2**:11

Chracodon audax **5**:86
Chrysocyon brachyurus **3**:28, 30; **10**:44
Cichlasoma bartoni **10**:38
Ciconia
   C. boyciana **3**:44
   C. stormi **3**:44
Cinclus schulzi **8**:32
Cistoclemmys
   C. flavomarginata **4**:30
   C. galbinifrons **4**:30
   C. mccordi **4**:30
Cistothorus apolinari **6**:96
Clemmys
   C. guttata **4**:32
   C. insculpta **4**:32
   C. marmorata **4**:32
   C. muhlenbergii **4**:32
Cnemidophorus
   C. hyperythus **7**:9
   C. vanzoi **7**:8
Coeligena prunellei **8**:62
Coenagrion
   C. hylas freyi **2**:60
   C. mercuriale **2**:60
Coleura seychellensis **5**:58
Columba
   C. argentina **8**:73
   C. junoniae **8**:73
   C. mayeri **8**:72
   C. pallidiceps **8**:73
   C. thomensis **8**:73
   C. torringtoni **8**:73
Conolophus
   C. Pallidus **2**:52
   C. subcristatus **2**:50, 52
Copsychus
   C. cebuensis **6**:94
   C. sechellarum **6**:94
Corallium rubrum **9**:26
Corvus
   C. florensis **8**:90
   C. hawaiiensis **8**:90
   C. kubaryi **8**:90
   C. leucognaphalus **8**:90
   C. minutus **8**:90
   C. unicolor **8**:90
Cotinga ridgwayi **9**:14
Craseonycteris thonglongyai **5**:58, 62
Crex crex **4**:84, 86
Crocodylus
   C. intermedius **2**:34
   C. mindorensis **2**:34
   C. palustris **2**:34
   C. rhombifer **2**:34
   C. siamensis **2**:34
Crocuta crocuta **8**:40, 42
Cryptoprocta ferox **9**:34
Cryptospiza shelleyi **5**:66
Ctenophorus yinniethara **9**:52
Cuon alpinus **3**:31, 32; **6**:73; **7**:86; **10**:44
Cuora
   C. amboinensis **4**:30

   C. aurocapitata **4**:30
   C. pani **4**:30
   C. trifasciata **4**:30
   C. yunnanensis **4**:30
   C. zhoui **4**:30
Cyanopsitta spixii **2**:72, 79
Cyanoramphus unicolor **3**:14
Cyclopes spp. **3**:17
Cyclura
   C. collei **2**:54
   C. nubila caymanensis **2**:54
   C. nubila lewisi **2**:54
   C. nubila nubila **2**:54
Cygnus buccinator **7**:92
Cynocephalus
   C. variegatus **9**:30
   C. volans **9**:30
Cynomys
   C. ludovicianus **3**:52
   C. ludovicianus arizonensis **3**:52
   C. mexicanus **3**:52
   C. parvidens **3**:52
Cyprinodon
   C. beltrani **7**:56
   C. bovines **7**:56
   C. diabolis **7**:56
   C. elegans **7**:56
   C. fontinalis **7**:56
   C. labiosus **7**:56
   C. macrolepis **7**:56
   C. maya **7**:56
   C. meeki **7**:56
   C. pachycephalus **7**:56
   C. pecoensis **7**:56
   C. radiosus **7**:56
   C. simus **7**:56
   C. verecundus **7**:56
   C. veronicae **7**:56

D

Dactilopsila tatei **9**:48; **10**:16
Dalatias licha **6**:14
Danio pathirana **8**:74
Dasycercus cristicauda **8**:26
Daubentonia madagascariensis **2**:6
Delphinapterus leucas **2**:64
Dendrocopus dorae **9**:86
Dendroica
   D. angelae **4**:8
   D. chrysoparia **4**:8
   D. kirtlandii **4**:8
   D. vitellina **4**:8
Dendrolagus
   D. bennettianus **4**:56
   D. dorianus **4**:56
   D. goodfellowi **4**:56; **9**:62
   D. scottae **4**:56
Desmana moschata **10**:80
Dicerorhinus sumatrensis **5**:90, 93, 94, 97; **6**:6
Diceros bicornis **5**:90, 92, 94, 97; **6**:6
Diomedea
   D. amsterdamensis **10**:97

   D. antipodensis **10**:97
   D. dabbenena **10**:97
   D. exulans **10**:96
Dolomedes plantarius **5**:30
Driloleirus
   D. americanus **6**:52; **8**:88
   D. macelfreshi **6**:52
Drymarchon corais couperi **9**:72
Dryomys
   D. nitedula **10**:52
   D. sichuanensis **10**:48, 50
Dugong dugon **6**:60, 84; **9**:67
Dusicyon australis **3**:32; **6**:73
Dyscophus antongilii **3**:72

E

Echinus esculentus **10**:56
Edwardsia ivelli **6**:78
Elaphe situla **9**:22
Elaphrus viridis **6**:70
Elaphurus davidianus **4**:72; **6**:44; **8**:50
Elassoma
   E. alabamae **6**:86
   E. boehlkei **6**:86
   E. okatie **6**:86
Elephantulus revoili **5**:68
Elephas maximus **7**:10, 12
Eliomys
   E. melanurus **10**:50, 52
   E. quercinus **10**:48, 50, 52
Elusor macrurus **4**:22
Emballonura semicaudata **5**:62
Enhydra lutris **10**:68
Ephippiorhynchus asiaticus **3**:44
Epicrates
   E. angulifer **9**:80
   E. inoratus **9**:80
   E. monensis granti **9**:80
   E. monensis monensis **9**:80
   E. subflavus **9**:80
Epimachus fastuosus **2**:8
Equus
   E. africanus **4**:80; **6**:48, 50; **10**:37, 84, 86
   E. grevyi **4**:80; **6**:48, 50; **10**:37, 84, 86
   E. hemionus **4**:80; **6**:48, 50; **10**:37, 84, 86
   E. przewalskii **10**:36
   E. quagga **4**:80; **6**:48, 50; **10**:37, 86
   E. zebra **4**:80; **6**:48, 50; **10**:37, 84, 86
Eremochelys imbricata **7**:18
Eriocnemis
   E. mirabilis **8**:64
   E. nigrivestis **8**:62
Erythrura
   E. gouldiae **5**:66
   E. viridifacies **5**:66
Eschrichtius robustus **4**:92
Estrilda poliopareia **5**:66
Etheostoma

E. nuchale **2**:90
E. sellare **2**:90
Euathlus smithi **10**:78
Eubalaena
  E. australis **5**:6
  E. glacialis **5**:6
Eudyptes
  E. robustus **4**:44
  E. sclateri **4**:44
Eulidia yarrellii **8**:64
Eumetopias jubatus **3**:56; **7**:72
Eunice viridis **8**:88
Eunicella verrucosa **9**:26
Eupleres goudotii **9**:34
Euptilotis neoxenus **4**:6
Euryceros prevostii **9**:78
Eurynorhynchus pygmeus **6**:32

F

Falco
  F. araea **7**:37, 39
  F. fasciinucha **7**:37
  F. hypoleucos **7**:37
  F. naumanni **7**:36, 39
  F. novaeseelandiae **7**:37
  F. punctatus **7**:37, 38
Felis silvestris **8**:20
Ferminia cerverai **6**:96
Formica
  F. aquilonia **10**:55
  F. lugubris **10**:55
  F. polyctena **10**:54
Fossa fossana **9**:34
Foudia
  F. flavicans **10**:40
  F. rubra **10**:40
  F. sechellarum **10**:40
Fulica
  F. alae **7**:50
  F. caribaea **7**:50
  F. cornuta **7**:20, 50
  F. newtoni **7**:50
Furcifer
  F. campani **10**:28
  F. labord **10**:28
  F. minor **10**:28

G

Gadus morhua **7**:16
Galaxias
  G. fontanus **6**:92
  G. fuscus **6**:92
  G. johnstoni **6**:92
  G. pedderensis **6**:92
Galemys pyrenaicus **10**:80
Gallinula
  G. pacifica **7**:20
  G. sylvestris **7**:20
Gallirallus
  G. lafresnayanus **4**:86
  G. owstoni **4**:86; **7**:20
  G. sylvestris **4**:86
Gambelia silus **7**:68

Gavialis gangeticus **2**:82
Gazella
  G. arabica **7**:28
  G. cuvieri **7**:28
  G. dama **7**:28
  G. leptoceros **7**:28
Genicanthus personatus **10**:12
Geocapromys
  G. brownii **6**:58
  G. ingrahami **6**:58
Geochelone
  G. chilensis **4**:29
  G. denticulata **4**:18
  G. gigantea **4**:29
  G. nigra **4**:18, 29
  G. nigra abingdoni **4**:18
  G. nigra ephippium **4**:18
  G. nigra hoodersis **4**:18
  G. nigra nigra **4**:18
  G. platynota **4**:29
  G. radiata **4**:26, 29
  G. sulcata **4**:29
  G. yniphora **4**:26, 29
Geonemertes rodericana **10**:82
Geopsittacus occidentalis **2**:80;
    3:12
Geronticus
  G. calvus **9**:84
  G. eremita **5**:36; **9**:84
Giraffa camelopardalis reticulata
    2:28; **3**:50
Girardinichthys
  G. multiradiatus **5**:86
  G. viviparus **5**:86
Glareola nordmanni **5**:18
Glirulus japonicus **10**:48, 50, 52
Glis glis **10**:52
Globicephala macrorhynchus **6**:56
Glossolepis
  G. incisus **10**:72
  G. pseudoincisus **10**:72
  G. ramuensis **10**:72
  G. wanamensis **10**:72
Glyphis gangeticus **6**:14
Goodea
  G. Ataeniobius toweri **5**:86
  G. gracilis **5**:86
Gopherus
  G. agassizii **4**:24
  G. flavomarginatus **4**:24
  G. polyphemus **4**:24
Gorilla
  G. gorilla **7**:46, 48
  G. gorilla beringei **3**:60; **5**:78, 80
  G. gorilla gorilla **3**:60; **5**:78, 81
  G. gorilla graueri **5**:78, 81
Goura
  G. cristata **8**:70
  G. scheepmakeri **8**:70
  G. victoria **8**:70
Grantiella picta **10**:24
Graphiurus ocularis **10**:48
Graptemys
  G. barbouri **4**:20
  G. caglei **4**:20

G. ernsti **4**:20
G. flavimasculata **4**:20
G. gibbonsi **4**:20
G. oculifera **4**:20
G. versa **4**:20
Grocodylus acutus **2**:34
Grus
  G. americana **2**:32
  G. carunculatus **2**:32
  G. leucogeranus **2**:32
  G. nigricollis **2**:32
  G. paradisea **2**:32
Grymnogyps californianus **4**:46
Gulo gulo **4**:52; **5**:16; **10**:64
Gymnobelideus leadbeateri **9**:48;
    10:16
Gymnocharacinus bergii **9**:54
Gymnomyza aubryana **10**:24
Gyps
  G. bengalensis **6**:68
  G. coprotheres **6**:68
  G. indicus **6**:68

H

Habroptila wallacii **7**:20
Haliaeetus
  H. albicilla **10**:92
  H. leucoryphus **10**:92
  H. pelagicus **10**:92
  H. sanfordi **10**:92
  H. vociferoides **10**:92
Halichoerus grypus **2**:16, 18
Hapalemur
  H. aureus **4**:68
  H. simus **4**:68
Haplochromis spp. **6**:34
Harpia harpyja **10**:90, 94
Harpyopsis novaeguineae **10**:91, 94
Heliangelus
  H. regalis **8**:62
  H. zusii **8**:62, 64
Heloderma
  H. horridum **7**:62
  H. suspectum **7**:62
Hemignathus munoroi **10**:22
Hemitragus
  H. hylocrius **7**:28; **8**:12
  H. jayakari **8**:12
  H. jemlahicus **8**:12
Herichthys
  H. bartoni **10**:38
  H. (Cichlasoma) minckleyi **10**:38
  H. (Cichlasoma) pantostictum
    10:38
Heteralocha acutirostris **9**:88
Heteromirafra ruddi **10**:66
Hexanchus griseus **6**:14
Hexaprotodon liberiensis **5**:72
Himantopus novaezelandiae **6**:30
Hippocampus capensis **7**:90
Hippopotamus amphibius tschadensis
    5:73
Hirudo medicinalis **7**:30
Hirundo

H. atrocaerulea **5**:42
H. megaensis **5**:42
Houbaropsis bengalensis **8**:30
Hubbsina turneri **5**:86
Hucho hucho **7**:26
Hyaena brunnea **8**:40, 42
Hydrodamalis gigas **6**:61, 84; **9**:67
Hydropotes inermis **4**:72
Hylobates
  H. concolor **5**:38
  H. moloch **5**:38
Hylomys
  H. hainanensis **8**:48
  H. parvus **8**:48

I

Ichthyophaga
  I. humilis **10**:92
  I. ichthyaetus **10**:92
Indri indri **2**:86; **5**:83
Inia geoffrensis **2**:62, 68
Isoodon auratus **8**:8

J

Junco insularis **10**:18

L

Lacerta
  L. agilis **4**:12
  L. bonnali **4**:12
  L. rupicola **4**:12
  L. schreiberi **4**:12
  L. vivipara pannonica **4**:12
Lama guanicöe **9**:12, 51
Lamna nasus **6**:14
Larus
  L. atlanticus **2**:70
  L. bulleri **2**:70
  L. fuliginosus **2**:70
  L. relictus **2**:70
  L. saundersi **2**:70
Lasiorhinus krefftii **4**:62; **5**:52
Lathamus discolor **2**:80
Latimeria
  L. chalumnae **6**:64
  L. menadoensis **6**:64
Leiopelma
  L. archeyi **3**:90
  L. hamiltoni **3**:90
  L. pakeka **3**:90
Leipoa ocellata **4**:88
Leontopithecus
  L. chrysopygus **5**:50
  L. caissara **5**:84
  L. chrysomelas **5**:84
  L. chrysopygus **5**:84
  L. rosalia **5**:84
Leopardus pardalis albescens **7**:54
Lepidopyga lilliae **8**:64
Leptodon forbesi **2**:11
Leptoptilos
  L. dubius **3**:44

L. javanicus **3**:44
Leucopsar rothschildi **4**:60
Limnogale mergulus **9**:92; **10**:20
Limulus polyphemus **2**:30
Lipotes vexillifer **2**:62, 68
Litoria
   L. aurea **3**:80
   L. castanea **3**:80
Loddigesia mirabilis **8**:62, 64
Loris tardigradus **6**:90
Loxioides bailleui **10**:22
Loxodonta africana **7**:11, 12
Lutra
   L. felina **4**:51
   L. lutra **4**:51, 52; **5**:17
   L. perspicillata **4**:51
   L. provocax **4**:51
   L. sumatrana **4**:51
Lycaena
   L. dispar **6**:38, 42
   L. hermes **6**:40, 42
Lycaon pictus **3**:26, 28, 31, 32; **6**:73; **7**:87; **10**:44, 70
Lycosa ericeticola **5**:32
Lynx pardinus **7**:54, 79; **8**:18, 21

M

Macaca
   M. fuscata **8**:10, 76
   M. pagensis **8**:10, 76
   M. silenus **8**:10, 76
   M. sylvanus **8**:10, 76
Maccullochella
   M. ikei **7**:80
   M. macquariensis **7**:80
   M. peelii mariensis **7**:80
Macgregoria pulchra **2**:8
Macrocephalon maleo **4**:88
Macroderma gigas **5**:58
Macrognathus aral **10**:76
Macrotis lagotis **8**:8
Macrovipera schweizeri **9**:74
Macruromys elegans **8**:24
Maculinea arion **6**:38
Malpulutta kretseri **3**:66
Mandrillus
   M. leucophaeus **5**:49; **7**:84
   M. sphinx **7**:84
Manis
   M. crassicaudata **3**:58
   M. javanicus **3**:58
   M. pentadactyla **3**:58
   M. temminckii **3**:58
   M. tetradactyla **3**:58
Manorina melanotis **10**:24
Mantella aurantiaca **3**:94
Margaritifera
   M. auricularia **6**:88
   M. hembeli **6**:88
   M. margaritifera **6**:88
   M. marrianae **6**:88
Marmaronetta angustirostris **4**:38
Martes martes **10**:14, 64
Mayailurus iriomotensis **8**:16, 21

Megapodius
   M. laperouse **4**:88
   M. layardi **4**:88
   M. nicobariensis **4**:88
   M. pritchardii **4**:88
   M. wallacei **4**:88
Megaptera novaeangliae **4**:94; **5**:12
Megascolides australis **6**:52
Melanogrammus aeglefinus **7**:16
Melanosuchus niger **2**:38, 40
Melidectes princeps **10**:24
Mellisuga helenae **8**:64, 66
Melursus ursinus **5**:20, 22, 25, 26
Mesitornis
   M. unicolor **10**:33
   M. variegata **10**:32
Metallura
   M. baroni **8**:64
   M. iracunda **8**:64
Micropotamogale
   M. lamottei **9**:92; **10**:20
   M. ruwenzorii **9**:92; **10**:20
Milvus milvus **2**:10
Mirafra ashi **10**:66
Mirza coquereli **4**:70
Monachus
   M. monachus **2**:14, 16, 18, 20
   M. schauinslandi **2**:14, 16, 18, 20
   M. tropicalis **2**:14, 20
Monias benschi **10**:33
Monodon monoceros **2**:64
Moschus
   M. berezovskii **6**:46
   M. chrysogaster **6**:46
   M. fuscus **6**:46
   M. moschiferus **6**:46
Moxostoma lacerum **10**:74
Muscardinus avellanarius **10**:48, 52
Mustela
   M. felipei **5**:34; **10**:64
   M. lutreola **4**:52; **5**:17, 34; **10**:14, 64, 68
   M. lutreolina **5**:34
   M. nigripes **5**:34
   M. strigidorsa **5**:34
Mycteria
   M. cinerea **3**:44
   M. leucocephala **3**:44
Myomimus
   M. personatus **10**:48
   M. roachi **10**:48
   M. setzeri **10**:48
Myotis
   M. cobanensis **5**:54, 56
   M. grisescens **5**:56, 58, 64
   M. morrisi **5**:54, 58, 60
   M. myotis **5**:56
   M. sodalis **5**:56
Myrmecobius fasciatus **9**:36
Myrmecophaga tridactyla **3**:16
Myzomela albigula **10**:24

N

Nandopsis

N. bartoni **10**:38
N. labridens **10**:38
N. stendachneri **10**:38
N. urophthalmus ericymba **10**:38
Nannoperca oxleyana **7**:80
Nasalis larvatus **7**:58, 60
Nematostella vectensis **6**:78
Neoceratodus forsteri **3**:54
Neodrepanis hypoxanthus **5**:70
Neofelis nebulosa **7**:79; **9**:16, 20
Neopelma aurifrons **6**:74
Neophema chrysogaster **2**:80
Neotoma anthonyi **8**:24
Nesolagus netscheri **2**:94
Nesopsar nigerrimus **4**:74
Nestor
   N. meridionalis **3**:12, 14
   N. notabilis **3**:12, 14
Nipponia nippon **5**:36; **9**:84
Notiomystis cincta **10**:24
Notoryctes
   N. caurinus **9**:46
   N. typhlops **9**:46
Numenius
   N. americanus **6**:28
   N. borealis **6**:28, 32
   N. madagascariensis **6**:28
   N. tahitiensis **6**:28
   N. tenuirostris **6**:28, 32
Nycticebus pygmaeus **6**:90

O

Ochotona
   O. helanshanensis **6**:82
   O. koslowi **6**:82
   O. pusilla **6**:82
Okapia johnstoni **2**:28; **3**:50
Oncorhynchus ishikawai **7**:26
Onychorhynchus occidentalis **7**:96
Onychorhynchus swainsoni **7**:96
Orcinus orca **6**:56
Orconectes incomptus **8**:36
Oreomystis mama **10**:22
Oreophasis derbianus **7**:52
Oriolia bernieri **9**:79
Ornithoptera
   O. aesacus **7**:82
   O. alexandrae **7**:82
   O. richmondia **7**:82
   O. rothschildi **7**:82
Ornithorhynchus anatinus **4**:40
Oryx
   O. dammah **3**:62, 64
   O. leucoryx **3**:62, 64
Osmoderma eremita **3**:42
Otis tarda **8**:30
Otus hartlaubi **9**:40
Otus ireneae **9**:40
Oxygastra curtisii **3**:8
Oxyura leucocephala **4**:34

P

Pan

P. paniscus **3**:60; **5**:78, 81; **7**:46, 48
P. troglodytes **3**:60; **5**:78, 81; **7**:46, 48
Pandaka pygmaea **7**:88
Pangasianodon gigas **10**:34
Panthera
   P. leo **7**:79; **9**:18
   P. leo persica **2**:84; **9**:18
   P. onca **6**:54; **9**:18, 20
   P. pardus **9**:18
   P. pardus panthera **9**:20
   P. tigris **2**:84; **7**:78; **8**:18; **9**:18
Pantholops hodgsoni **7**:44
Papilio
   P. jordani **2**:26
   P. leucotaenia **2**:26
Parapinnixa affinis **4**:48
Pardosa diuturna **5**:32
Parnassius
   P. apollo **2**:26
   P. autocrator **2**:26
Parotia wahnesi **2**:8
Partula spp. **9**:96
Pavo muticus **5**:88
Pelecanus
   P. crispus **8**:38
   P. philippensis **8**:38
Penelope
   P. albipennis **7**:52
   P. ochrogaster **7**:52
Penelopides
   P. mindorensis **2**:12
   P. panini **2**:12
Pentalagus furnessi **2**:94, 96; **3**:6
Perameles
   P. bougainville **8**:8
   P. gunnii **8**:8
Peripatus spp. **9**:76
Petaurus gracilis **9**:48; **10**:16
Petrogale persephone **9**:62
Pezophaps solitaria **7**:74
Pezoporus wallicus **3**:12
Phalacrocorax
   P. harrisi **4**:42
   P. neglectus **4**:42
   P. nigrogularis **4**:42
Phalanger
   P. matanim **5**:44
   P. rothschildi **5**:44
   P. vestitus **5**:44
Pharomachrus mocinno **4**:6
Phascolarctos cinereus **5**:52
Phelsuma
   P. gigas **4**:78
   P. guentheri **4**:78
   P. ocellata **4**:78
   P. standingi **4**:78
Philemon fuscicapillus **10**:24
Philepitta schlegeli **5**:70
Philesturnus carunculatus **9**:88
Phoca
   P. caspica **2**:16, 18
   P. sibirica **2**:18
Phocarctos hookeri **7**:72

Phocoena
 P. phocoena **2**:66
 P. sinus **2**:66; **5**:10
 P. spinipinnis **2**:66
Phodilus prigoginei **9**:42
Phoenicoparrus andinus **2**:46
Phoenicoparrus jamesi **2**:47
Phoenicopterus chilensis **2**:47
Phoenicopterus minor **2**:47
Phoxinus
 P. cumberlandensis **10**:8
 P. tennesseensis **10**:8
Phrynops
 P. dahli **4**:22
 P. hogei **4**:22
Phrynosoma mcallii **7**:66
Physeter macrocephalus **5**:10
Picathartes
 P. grmnocephalus **8**:56
 P. oreas **8**:56
Picoides
 P. borealis **9**:86
 P. ramsayi **9**:86
Pinguinus impennis **3**:20
Pipile
 P. jacutinga **7**:52
 P. pipile **7**:52
Pipra vilasboasi **6**:74
Piprites pileatus **6**:74
Pithecophaga jefferyi **10**:91, 94
Pitta
 P. gurneyi **5**:40
 P. kochi **5**:40
 P. nympha **5**:40
 P. superba **5**:40
Platalea minor **5**:36
Platanista
 P. gangetica **2**:62, 68
 P. minor **2**:62, 68
Plethodon
 P. hubrichti **6**:24
 P. nettingi **6**:24
 P. serratus **6**:24
 P. shenandoah **6**:24
 P. stormi **6**:24
Podarcis
 P. lilfordi **4**:10
 P. milensis **4**:10
 P. pityusensis **4**:10
Podiceps
 P. andinus **3**:22
 P. gallardoi **3**:22
 P. taczanowskii **3**:22
Podilymbus gigas **3**:22
Podogymnura
 P. aureospinula **8**:48
 P. truei **8**:48
Podomys floridanus **8**:24
Poliocephalus rufopectus **3**:22
Polyodon spathula **7**:42
Pongo pygmaeus **3**:60; **5**:78, 81; **7**:46, 48
Poospiza garleppi **10**:18
Poradisaea rudolphi **2**:8
Porphyrio mantelli **4**:86; **7**:20

Potamogale velox **9**:92; **10**:20
Potorous
 P. gilbertii **4**:54
 P. longipes **4**:54
Presbytis comata **7**:60
Priodontes maximus **3**:18
Prionailurus planiceps **8**:16
Probarbus
 P. jullieni **2**:48
 P. labeamajor **2**:48
 P. labeaminor **2**:48
Procnias
 P. nudicollis **9**:14
 P. tricarunculata **9**:14
Propithecus
 P. diadema **2**:86; **5**:83
 P. tattersalli **2**:86; **5**:82
 P. verreauxi **2**:86; **5**:83
Propyrrhura maracana **2**:72, 79
Prosobonia cancellata **6**:32
Proteus anguinus **9**:94
Psammobates geometricus **4**:28
Psephotus chrysopterygius **2**:80
Psephurus gladius **7**:42
Pseudemydura umbrina **4**:22
Pseudemys
 P. alabamensis **4**:14
 P. gorzugi **4**:14
 P. rubriventris **4**:14
Pseudibis
 P. davisoni **9**:84
 P. gigantea **9**:84
Pseudocotalpa giulianii **3**:42
Pseudophryne
 P. australis **3**:84
 P. bibronii **3**:84
 P. corroboree **3**:84
Pseudoryx nghetinhensis **6**:10
Psittirostra psittacea **10**:22
Pterodroma
 P. arminjoniana **8**:84
 P. axillaris **8**:84
 P. baraui **8**:84
 P. cahow **8**:84
 P. caribbaea **8**:84
 P. hasitata **8**:84
 P. incerta **8**:84
 P. phaeopygia **8**:84
 P. ultima **8**:84
Pteronura brasiliensis **4**:50, 52; **5**:17; **10**:64, 68
Pteropus
 P. dasymallus **3**:34, 36
 P. rodricensis **3**:34, 36
Puma
 P. concolor coryi **9**:64
 P. concolor cougar **9**:64
Pygathrix nemaeus **7**:60

R

Rallus antarcticus **4**:84
Rana
 R. aurora **3**:70
 R. cascadae **3**:70

R. fishen **3**:70
R. muscosa **3**:70
R. onca **3**:70
Raphus cucullatus **7**:74
Rasbora vaterifloris **8**:68
Rattus rattus **5**:28
Rheobatrachus
 R. silus **3**:78
 R. vitellinus **3**:78
Rhincodon typus **6**:12, 14, 16
Rhinoceros
 R. sondaicus **5**:90, 93, 94, 97; **6**:6
 R. unicornis **5**:90, 93, 94, 97; **6**:6
Rhinolophus ferrumequinum **5**:60
Rhinopithecus brelichi **7**:60
Rhinopoma macinnesi **5**:62
Rhinoptilus bitorquatus **5**:18
Rhodonessa caryophyllacea **4**:34
Rhynchocyon
 R. chrysopygus **5**:68
 R. petersi **5**:68
Rhynochetos jubatus **3**:96
Rissa breviostris **2**:70
Romerolagus diazi **2**:94, 96; **3**:6
Rosalia alpina **10**:62

S

Saguinus leucopus **5**:50
Saiga tatarica **6**:8, 10; **7**:44
Salmo
 S. carpio **7**:26
 S. letnica **7**:26
 S. platycephalus **7**:26
Salmothymus obtusirostris **7**:26
Sandelia bainsii **2**:58
Sanzinia madagascariensis **9**:82
Sapheopipo noguchii **8**:58
Sarcogyps calvus **6**:68
Sciurus vulgaris **4**:66
Scleropages
 S. formosus **2**:22; **9**:25
 S. leichardti **2**:22; **9**:25
Scomberemorus concolor **5**:46
Scotopelia ussheri **9**:38, 40
Semnornis ramphastinus **3**:46
Sephanoides fernandensis **8**:62, 64
Sericulus bakeri **8**:82
Simias concolor **7**:60
Sitta
 S. formosa **2**:42
 S. ledanti **2**:42
 S. magna **2**:42
 S. victoriae **2**:42
Skiffia francesae **5**:86
Sminthopsis
 S. aitkeni **3**:10
 S. butleri **3**:10
 S. douglasi **3**:10
 S. grisoventer **3**:10
 S. psammophilla **3**:10
 S. tatei **3**:10
Solenodon
 S. cubanus **4**:76

S. Paradoxus **4**:76
Solonys ponceleti **8**:24
Somatochlora
 S. calverti **3**:8
 S. hineana **3**:8
Sosippus placidus **5**:32
Spalax
 S. arenarius **8**:26
 S. giganteus **8**:26
 S. graecus **8**:24, 26
 S. leucodon **8**:22
 S. micropthalmus **8**:26
Speoplatyrhinus poulsoni **2**:36
Speothos venaticus **3**:32; **6**:73; **10**:44
Spermophilus
 S. brunneus **10**:58
 S. citellus **10**:58
 S. mohavensis **10**:58
 S. suslicus **10**:58
 S. washingtoni **10**:58
Spheniscus
 S. demersus **4**:44
 S. humboldti **4**:44
 S. mendiculus **4**:44
Sphenodon
 S. guntheri **7**:70
 S. punctatus **7**:70
Spilocuscus rufoniger **5**:44
Spizocorys fringillaris **10**:66
Stenella
 S. attenuata **6**:56
 S. coeruleoalba **6**:56
Stenodus leucichthys leucichthys **7**:26
Strigops habroptilus **3**:12, 14
Strix occidentalis **9**:40
Strymon avalona **6**:36, 38, 40
Sturnella defilippii **4**:74
Sturnus
 S. albofrontatus **4**:60
 S. melanopterus **4**:60
Sus
 S. cebifrons **8**:81; **9**:28
 S. salvanius **8**:81
 S. verrucosus **8**:81
Synthliboramphus
 S. craveri **4**:58
 S. hypoleucus **4**:58
 S. wumizusume **4**:58
Sypheotides indica **8**:30

T

Tachybaptus
 T. pelzelnii **3**:22
 T. rufolavatus **3**:22
Tachyeres leucocephalus **4**:36
Tachyglossus aculeatus multiaculeatus **10**:30
Tachyoryctes
 T. ankoliae **8**:22
 T. annectens **8**:22
 T. audax **8**:22
 T. macrocephalus **8**:22

T. rex **8**:22
Tachypleus
　　T. gigas **2**:30
　　T. ridentatus **2**:30
Tangara
　　T. cabanisi **8**:6
　　T. fastuosa **8**:6
　　T. meyerdeschauenseei **8**:6
　　T. peruviana **8**:6
　　T. phillipsi **8**:6
Taphozous troughtoni **5**:58, 62
Tapirus
　　T. bairdii **8**:52, 54
　　T. indicus **8**:52, 54
　　T. pinchaque **8**:52, 54
Taudactylus
　　T. axutirostris **3**:82
　　T. rheophilus **3**:82
Tauraco
　　T. bannermani **7**:94
　　T. fischeri **7**:95
　　T. ruspolli **7**:95
Testudo
　　T. graeca **4**:16
　　T. hermanni **4**:16
　　T. hermanni hermanni **4**:16
　　T. horsfieldii **4**:16
　　T. kleinmanni **4**:16
Tetrax tetrax **8**:30
Thamnophis
　　T. gigas **9**:70
　　T. hammondi **9**:70
　　T. sirtalis tetrataenia **9**:70
Theropithecus gelada **5**:48
Thryothorus nicefori **6**:96
Thryssa scratchleyi **9**:60
Thunnus
　　T. alalunga **5**:46
　　T. maccoyii **5**:46
　　T. obesus **5**:46
　　T. thynnus **5**:46
Thylacinus cynocephalus **9**:44
Tiliqua adelaidensis **7**:64
Tolypeutes tricinctus **3**:18
Torgos tracheliotus **6**:68
Torreornis inexpectata **10**:18
Totoaba macdonaldi（*Cynoscion macdonaldi*） **7**:76
Toxotes oligolepis **2**:88
Tragelaphus
　　T. buxtoni **5**:14; **10**:6
　　T. strepsiceros **5**:14; **10**:6
Tragopan
　　T. blythii **9**:68
　　T. caboti **9**:68
　　T. melanocephalus **9**:68
　　T. satyra **9**:68
　　T. temminckii **9**:68
Tremarctos ornatus **5**:20, 22, 25, 26
Trichechus
　　T. inunguis **6**:61, 84; **9**:67
　　T. manatus **6**:61, 84
　　T. manatus latirostris **6**:84; **9**:66
　　T. manatus manatus **9**:67
　　T. senegalensis **6**:61, 84; **9**:67

Tridacna gigas **3**:40
Tringa guttifer **6**:32
Triturus
　　T. cristatus **9**:90
　　T. dobrogicus **9**:91
Tympanocryptis lineata pinguicolla **9**:52
Typhlichthys subterraneus **2**:36
Tyto
　　T. inexspectata **9**:42
　　T. nigrobrunnea **9**:42
　　T. soumagnei **9**:42

U
Uncia uncia **2**:84; **7**:79; **8**:18; **9**:18, 20
Ursus
　　U. arctos **5**:22
　　U. arctos nelsoni **5**:22
　　U. maritimus **5**:20, 22, 24, 26
　　U. thibetanus **5**:22, 26

V
Valencia
　　V. hispanica **8**:86
　　V. letourneuxi **8**:86
Varanus
　　V. komodoensis **5**:76
　　V. olivaceus **5**:76
Varecia variegata **4**:68
Vicugna vicugna **9**:12, 51
Vipera
　　V. albizona **9**:74
　　V. latifi **9**:74
Vireo
　　V. atricapillus **6**:76
　　V. caribaeus **6**:76
　　V. masteri **6**:76
Vombatus ursinus **4**:62
Vulpes velox **6**:72
Vultur gryphus **4**:46

W
Williamsonia lintneri **3**:8

X
Xanthomyza phrygia **10**:24
Xanthopsar flavus **4**:74
Xenoglaux loweryi **9**:40
Xenoophorus captivus **5**:86
Xenopirostris damii **9**:79
Xenopoecilus
　　X. oophorus **7**:6
　　X. poptae **7**:6
　　X. sarasinorum **7**:6
Xiphophorus
　　X. couchianus **4**:82
　　X. gordoni **4**:82
　　X. meyeri **4**:82
Xyrauchen texanus **10**:74

Z
Zaglossus bruijni **10**:30

和　名

ア
アイアイ **2**:6
アイダホハタリス **10**:58
アヴァヒ **2**:86; **5**:83
アオウミガメ **1**:74
アオガン **8**:92
アオキコンゴウインコ **2**:72, 79
アオコンゴウインコ **2**:72, 79
アオジタトカゲ **1**:76
アオフウチョウ **2**:8
アオヤマガモ **1**:56, 89, 91
アカアシガエル **3**:70
アカアシミツユビカモメ **2**:70
アカウオクイフクロウ **9**:38, 40
アカエリマキキツネザル **4**:69
アカオオカミ **1**:95; **3**:24, 26, 28, 31, 32; **6**:73; **7**:87; **10**:44
アカオハチドリ **8**:64
アカカザリフウチョウ **1**:48
アカガシラサイチョウ **2**:12
アカクイナ **1**:33
アカトビ **1**:57, 68, 95; **2**:10
アカトマトガエル **3**:72
アカノドカザリドリ **9**:14
アカノドボウシインコ **2**:74
アカハシサイチョウ **2**:12
アカハラシャクケイ **7**:52
アカハラマユシトド **10**:18
アカハラワカバインコ **2**:80
アカビタイヒメコンゴウインコ **2**:72, 79
アカビタイブラウンキツネザル **1**:35
アカビタイボウシインコ **2**:74
アカミミコンゴウインコ **2**:79
アジアアロワナ **2**:22; **9**:25
アジアクロクマ **5**:26
アジアゴールデンキャット **8**:17
アジアゾウ **1**:34, 97; **7**:10, 12
アジアノロバ **4**:80; **6**:48, 50; **10**:37, 84, 86
アジアメガネヤマネ **10**:50, 52
アシナガネズミカンガルー **4**:54
アシナシイモリ **1**:78
アソカバルブス **9**:6
アダースダイカー **7**:15
アダックス **2**:24
アーチーズガエル **3**:90
アデヤカヤセフキヤガエル **3**:74
アドリアティックサーモン **7**:26
アナホリコファーガメ **4**:24
アナンブラカエデチョウ **5**:66
アノア **5**:74; **10**:46
アバロンカラスシジミ **6**:36, 38, 40
アフリカゾウ **1**:13, 19; **7**:11, 12
アフリカノロバ **4**:80; **6**:48, 50; **10**:37, 84, 86
アフリカマナティー **6**:61, 84; **9**:67
アポロウスバシロチョウ **2**:26
アマサギ **1**:68

学名・和名索引

アマゾンカワイルカ　2:62, 68
アマゾンマナティー　6:61, 84; 9:67
アマトラヒキガエル　3:76, 86, 88
アマミノクロウサギ　2:94, 96; 3:6
アマリロ　5:86
アマルゴサヒキガエル　3:76, 86, 88
アミメキリン　2:28; 3:50
アムステルダムアホウドリ　10:97
アメシストニジハチドリ　8:64
アメフラシ　1:83
アメリカアリゲーター　2:38
アメリカカブトガニ　2:30
アメリカクロクマ　1:60
アメリカシロヅル　1:94; 2:32
アメリカダイシャクシギ　6:28
アメリカドクトカゲ　1:76; 7:62
アメリカバイソン　1:17, 46; 8:44, 46; 10:42
アメリカマナティー　1:44; 6:84
アメリカミンク　1:56
アメリカリョコウバト　1:24
アメリカワニ　1:77; 2:34
アラゲウサギ　2:94, 95, 96; 3:6
アラバマアカハラガメ　4:14
アラバマケーブフィッシュ　2:36
アラバマシンジュガイ　6:88
アラバリック　7:26
アラビアアカゲラ　9:86
アラビアオリックス　1:14, 23, 89, 95; 3:62, 64
アラビアガゼル　7:28
アラビアタール　8:12
アリオンゴマシジミ　6:38
アリゾナオグロプレーリードッグ　3:52
アルジェリアゴジュウカラ　2:42
アルゼンチンフナガモ　4:36
アルダブラゾウガメ　4:29
アレクサンドラトリバネアゲハ　7:82
アーンストチズガメ　4:20
アンソニーウッドラット　8:24
アンティグアレーサー　1:77; 2:44
アンティポディスアホウドリ　10:97
アンティルマナティー　9:67
アンデスカイツブリ　3:22
アンデスフウキンチョウ　8:6
アンデスフラミンゴ　2:46
アンヒューマ　1:81

イ

イエスズメ　1:66
イカンテモレ　2:48
イグアノドン　1:37
イースタンプロヴィンスロッキー　2:58
イッカク　2:64
イトトンボの1種：Southern damselfly　2:60
イニエタラドラゴン　9:52
イバーサカベカナヘビ　1:76, 77; 4:10

イベリアカタシロワシ　10:88
イベルイソギンチャク　6:78
イリオモテヤマネコ　1:29; 8:16, 21
イロマジリボウシインコ　1:14, 88; 2:74
イワカモメ　2:70
イワシクジラ　4:90, 95, 96; 5:9, 12
インダスカワイルカ　2:62, 68
インディアナホオヒゲコウモリ　5:56
インドオオノガン　8:30
インドガビアル　1:75; 2:82
インドサイ　5:90, 93, 94, 97; 6:6
インドショウノガン　8:30
インドセンザンコウ　3:58
インドトキコウ　3:44
インドネシアヤマイタチ　5:34
インドハゲワシ　6:68
インドライオン　2:84; 9:18
インドリ　2:86; 5:83

ウ

ウェスタンアーチャーフィッシュ　2:88
ウオクイワシ　10:92
ウォータークレスダーター　2:90
ウォマ　2:92
ウサンバラワシミミズク　9:38
ウスハジロミズナギドリ　8:84
ウスユキガモ　4:38
ウズラクイナ　4:84, 86
ウバザメ　6:12, 14
ウミアオコンゴウインコ　2:72, 79
ウミイグアナ　1:30, 74; 2:50
ウミカワウソ　4:51
ウミヒモ　1:83
ウンピョウ　7:79; 9:16, 20

エ

エジプトリクガメ　4:16
エスキモーコシャクシギ　6:28, 32
エスパニョラゾウガメ　4:18
エゾトンボの1種：Orange-spotted emerald　3:8
エチオピアオオカミ　3:26, 28, 31; 6:73; 7:87; 10:44
エチオピアオオタケネズミ　8:22
エチオピアホオヒゲコウモリ　5:54, 58, 60
エッグキャリングブンティンギ　7:6
エッジバストンゴビー　7:88
エートケンスミントブシス　1:10, 29; 3:10
エドミガゼル　7:28
エバーグレーズタニシトビ　1:31
エメラルドツリーボア　1:76
エメラルドバックトシクリッド　6:35
エリオプス　1:80
エリマキキツネザル　4:68
エリマキボウシインコ　2:74
エルメスベニシジミ　6:40, 42

エンビコウ　3:44

オ

オーウェンズパプフィッシュ　7:56
オウギバト　8:70
オウギワシ　1:12; 10:90, 94
オウサマテンシハチドリ　8:62
オウボウシインコ　2:74
オオアリクイ　3:16
オオアルマジロ　3:18
オオウミガラス　1:66; 3:20
オオオビハシカイツブリ（グアテマラカイツブリ）　3:22
オオカミ　1:10; 3:24, 28
オオカワウソ　4:50, 52; 5:17; 10:64, 68
オオサマムクドリ　4:60
オオサンショウウオ　3:38
オオシャコガイ　3:40
オオチャイロハナムグリの1種：Hermit beetle　3:42
オオヌマミソサザイ　6:96
オオハゲコウ　3:44
オオハシゴシキドリ　3:46
オオバタン　1:67; 3:48
オオヒキガエル　1:56
オオベニシジミ　6:38, 42
オオホオヒゲコウモリ　5:56
オオホンセイインコ　1:51
オオマダラキーウィ　4:65
オオミツスイ　10:24
オオヤマネ　10:52
オオワシ　10:92
オカピ　2:28; 3:50
オグロヅル　2:32
オグロプレーリードッグ　3:52
オザークケーブフィッシュ　2:36
オジロツバメ　5:42
オジロワシ　1:96; 10:92
オスアカヒキガエル　3:76
オーストラリアオオアラコウモリ　5:58
オーストラリアサンカノゴイ　6:26
オーストラリアハイギョ　3:54
オセロット　8:17
オックスレーアンピグミーパーチ　7:80
オッターピークサラマンダー　6:24
オットセイ　3:56; 7:72
オートクラトールウスバシロチョウ　2:26
オトメインコ　2:80
オナガカマハシフウチョウ　2:8
オナガカンザシフウチョウ　2:8
オナガセンザンコウ　3:58
オナガフクロヤマネ　9:58
オナガラケットハチドリ　8:62, 64
オニアカアシトキ　9:84
オニゴジュウカラ　2:42
オパールグーデア　5:86
オビクスクス　5:44
オビトリバネアゲハ　7:82
オランウータン　1:50, 88, 92; 3:60; 5:78, 81; 7:46, 48

オーリッドトラウト　7:26
オリノコワニ　2:34
オリーブマユミソサザイ　6:96
オリーブヤブシトド　10:18
オリンピアコガネオサムシ　6:70
オルニトデスムス　1:37
オルネイトパラダイスフィッシュ　3:66
オルローグカモメ　2:70
オレゴンジャイアントアースワーム　6:52
オレンジノドウィップテイル　7:9
オーロックス　1:39

カ

ガウア（ガウル）　1:90; 3:68; 7:22
カオカザリヒメフクロウ　9:40
カオグロサイチョウ　2:12
カオグロナキシャクケイ　7:52
カオグロライオンタマリン　5:84
カオジロオタテガモ　1:59; 4:34
カカ　3:12, 14
カグー　3:96
カグラザメ　6:14
カクレガメ　4:22
カササギガモ　4:36
カザリキヌバネドリ（ケツァール）　4:6
カスケードカエル　3:70
カスピカイアザラシ　2:16, 18
カタジロコバナテングザル　7:60
カタシロワシ　10:88
カタツムリトビ　1:10
カッショクジャコウジカ　6:46
カッショクハイエナ　8:40, 42
カートランドアメリカムシクイ　4:8
カブトガニ　2:30
カマストガリザメ　6:14
カミングズバルブス　9:6
カモノハシ　1:62; 4:40
カモノハシガエル　3:78
ガラパゴスオオカイグアナ　1:77; 2:50, 52
ガラパゴスオットセイ　3:56; 7:72
ガラパゴスコバネウ　4:42
ガラパゴスゾウガメ　1:77; 4:18, 29
ガラパゴスフィンチ　1:30
ガラパゴスペンギン　1:67; 4:44
カラフトアオアシシギ　6:32
カラフトワシ　10:88
カリガネ　8:92
カリブオオバン　7:50
カリフォルニアコンドル　1:23, 86, 88, 89, 95; 4:46
カリフォルニアタイガーサラマンダー　6:18, 20, 22
カリフォルニアベイカクレガニ　4:48
カリブカイモンクアザラシ　2:14, 20
カルピオーネデルガルダ　7:26
カロライナインコ　1:39
カロライナピグミーサンフィッシュ

111

6:86
カワウソ　*1*:*52*, 54; **4**:51, <u>52</u>; **5**:17
カワシンジュガイ　**6**:88
カワリオハチドリ　**8**:64
カワリハシハワイミツスイ　**10**:<u>22</u>
ガンジスカワイルカ　**2**:62, 68
ガンジスメジロザメ　**6**:14
カンバンカメレオン　**10**:28
カンムリウミスズメ　**4**:58
カンムリシファカ　**2**:86; **5**:83
カンムリシロムク　**4**:<u>60</u>
カンムリバト　**8**:70

キ

キアシガメ　**4**:18
キアシカラスバト　**8**:73
キイロマミヤイロチョウ　**5**:70
キイロミミマーモセット　**5**:50
キエボシニワシドリ　**8**:82
キガオヒワ　**6**:62
キガオミツスイ　**10**:<u>24</u>
キガシラウミワシ　**10**:92
キガシラハワイマシコ　**10**:22
キガシラミドリマイコドリ　**6**:74
ギガスヒルヤモリ　**4**:78
キガタハゴロモガラス　**4**:74
キクガシラコウモリ　**5**:<u>60</u>
キジインコ　**3**:12
キタアカハラガメ　**4**:14
キタカモノハシガエル　**3**:78
キタケバナウォンバット　**4**:<u>62</u>; **5**:52
キタタテジマキーウィ　*1*:56, *68*; **4**:<u>64</u>
キタフクロモグラ　**9**:46
キタフサオネズミカンガルー　**4**:54
キタブチイシガメ　**4**:32
キタリス　**4**:<u>66</u>
キティブタバナコウモリ　**5**:58, <u>62</u>
キヌゲネズミ　**5**:44
キバシユキカザリドリ　**9**:14
キバシリハワイミツスイ　**10**:22
キバノロ　**4**:<u>72</u>
キバラムクドリモドキ　**4**:<u>74</u>
キビタイマイコドリ　**6**:74
キホオアメリカムシクイ　**4**:8
キボシイシガメ　**4**:32
ギボンズチズガメ　**4**:20
キマダラチズガメ　*1*:74; **4**:<u>20</u>
キムネハワイマシコ　**10**:22
キモモミツスイ　*1*:38
キャプティブス（ソログーデア）　**5**:86
キューバイワイグアナ　**2**:54
キューバシトド　**10**:18
キューバソレノドン　*1*:62; **4**:<u>76</u>
キューバツリーボア　**9**:80
キューバトビ　**2**:11
キューバワニ　**2**:34
ギュンターヒルヤモリ　*1*:77; **4**:<u>78</u>
ギュンターヘラオヤモリ　*1*:88
ギュンタームカシトカゲ　**7**:70
ギリシャリクガメ　**4**:16
ギルバートネズミカンガルー　**4**:54

ギンイロテナガザル　**5**:38
キンクロライオンタマリン　**5**:84
キンゴシライオンタマリン　**5**:50, 84
キンコミミバンディクート　**8**:8
キンスジアメガエル　**3**:<u>80</u>
キンボウシマイコドリ　**6**:74
ギンモリバト　**8**:73

ク

グアダルーペオットセイ　**3**:56; **7**:72
グアダルーペユキヒメドリ　**10**:18
クアッガ　*1*:12, *39*; **4**:<u>80</u>; **6**:48, 50; 10:37, 86
グアテマラホオヒゲコウモリ　**5**:54, 56
グアドループインコ　*1*:39
クアトロシエネガスプラティ　**4**:<u>82</u>
グアナコ　**9**:12, 51
グアムクイナ　*1*:67; **4**:<u>86</u>; **7**:20
クイーンズランドマウスミントプシス　**3**:10
クサムラツカツクリ　**4**:<u>88</u>
クーズー　**5**:<u>14</u>; **10**:6
クズリ　**4**:52; **5**:<u>16</u>; **10**:64
クバリーガラス　**8**:90
クビカシゲガメ　**4**:<u>22</u>
クビワオオコウモリ　**3**:<u>34</u>, 36
クビワスナバシリ　**5**:<u>18</u>
クマネズミ　*1*:56, 57, 64; **5**:<u>28</u>
クラークハシリグモ　**5**:<u>30</u>
クラベリーウミスズメ　**4**:58
クラレンスガラクシアス　**6**:92
クラレンスリバーコッド　**7**:80
グランドケイマンイワイグアナ　**2**:54
クリイロクイナモドキ　**10**:33
グリプトレピス　*1*:72
グレイオオトカゲ　**5**:76
グレビーシマウマ　**4**:80; **6**:<u>48</u>, 50; 10:37, 84, 86
クロアカハネジネズミ　**5**:68
クロアシイタチ　**5**:<u>34</u>
クロアシネコ　**8**:17
クロインカハチドリ　**8**:62
クロカイマン　**2**:38, 40
クロガシラマーモセット　**5**:50
クロサイ　**5**:90, <u>92</u>, 94, 97; **6**:6
クロセイタカシギ　**6**:<u>30</u>
クロツラヘラサギ　**5**:<u>36</u>
クロテテナガザル　**5**:<u>38</u>
クロハゲワシ　**6**:68
クロハラシマヤイロチョウ　**5**:<u>40</u>
クロハラスミントプシス　**3**:10
クロハラハコガメ　**4**:30
クロハリオツバメ　**5**:<u>42</u>
クロヒキガエル　**3**:76, 86, 88
クロフクスクス　**5**:<u>44</u>
クロボタンインコ　**2**:<u>76</u>
クロマグロ　**5**:<u>46</u>
クロマダガスカルモズ　**9**:79

ケ

ケアンズタニガエル　**3**:<u>82</u>
ケイグルチズガメ　**4**:20
ケイマンアメリカムシクイ　**4**:8
ケイマンイワイグアナ　**2**:54
ゲッケイジュバト　**8**:73
ケツメリクガメ　**4**:29
ケナガアルマジロ　**3**:18
ケープペンギン　*1*:68; **4**:44
ゲラダヒヒ　**5**:<u>48</u>
ゲルディモンキー　**5**:<u>50</u>

コ

コアオジタトカゲ　*1*:75; **7**:<u>64</u>
コアラ　*1*:10; **5**:<u>52</u>
コウオクイワシ　**10**:92
コウノトリ　**3**:44
ゴウワタリアホウドリ　**10**:97
コガシラネズミイルカ　**2**:66; **5**:10
コガネハコガメ　**4**:30
コキンチョウ　**5**:<u>66</u>
コククジラ　*1*:64, 92; **4**:<u>92</u>
ゴクラクチョウ　*1*:48
コクレルネズミキツネザル　**4**:70
ゴシキエメラルドフウキンチョウ　**10**:18
コシキハネジネズミ　**5**:<u>68</u>
コスタリカルリカザリドリ　**9**:14
コスミレコンゴウインコ　**2**:72, 79
コズロフナキウサギ　**6**:82
コッピーカナヘビ　**4**:12
コハクチョウ　*1*:87
コハゲコウ　**3**:44
コバシニセタイヨウチョウ　**5**:<u>70</u>
コバシフラミンゴ　**2**:47
コバタン　**3**:48
コバマングース　**9**:34
コハリイルカ　**2**:66
コヒクイドリ　**9**:10
ゴビズキンカモメ　**2**:70
コビトイノシシ　**8**:81
コビトカバ（リベリアカバ）　**5**:<u>72</u>
コビトジャコウジカ　**6**:46
コビトジャコウネズミ　*1*:62
コビレゴンドウ　**6**:56
コブウシ　*1*:40
コフラミンゴ　**2**:47
コープレイ（クープレイ）　**3**:68; **5**:<u>74</u>; **7**:22; **9**:8
コマダラキーウィ　**4**:65
コマンチスプリングパプフィッシュ　**7**:56
コミミセンザンコウ　**3**:58
コームテールグラミー　**3**:66
コムネアカマキバドリ　**4**:74
コモドオオトカゲ　*1*:77; **5**:<u>76</u>
コモリガエル　*1*:79
ゴリラ　*1*:47; **7**:46, 48
ゴールデンカンムリシファカ　**2**:86; **5**:<u>82</u>
ゴールデンバンブーレムール　**4**:68
ゴールデンライオンタマリン　**5**:<u>84</u>
ゴールドソーフィングーデア　*1*:73;

5:<u>86</u>
コルフトゥースカープ　**8**:86
コロボリーヒキガエルモドキ　**3**:<u>84</u>
コロラドシマハシリトカゲ　*1*:76
コロンビアイタチ　**5**:34; **10**:64
コロンビアゴシキドリ　**3**:46
コンゴクジャク　**5**:<u>88</u>
コンゴセメンフクロウ　**9**:42
コンドル　**4**:46

サ

サイガ　*1*:96; **6**:<u>8</u>, 10; **7**:44
サイドストライプバルブス　**9**:6
サオラ（ブークアンオックス）　**6**:<u>10</u>
サクラボウシインコ　**2**:74
サザンケープフィッシュ　**2**:36
サツキマス　**7**:26
ザトウクジラ　*1*:47, 87; **4**:<u>94</u>; **5**:12
サバクイナゴ　*1*:83
サバクゴファーガメ　*1*:75; **4**:<u>24</u>
サバンナセンザンコウ　**3**:58
サフランヒワ　**6**:62
サモアオグロバン　**7**:20
サンカノゴイ　**6**:<u>26</u>
サンクリストバルオグロバン　**7**:20
サンタクルスゾウガメ　**4**:18
サンタクルスユビナガサラマンダー　**6**:<u>20</u>
サンタマリアゾウガメ　*1*:39
サントメオリーブトキ　**9**:84
サントメオリーブバト　**8**:73
サントメコノハズク　**9**:40
サンフランシスコガーターヘビ　**9**:<u>70</u>

シ

シェナンドアサラマンダー　**6**:24
シェンシーハコガメ　**4**:30
シクリッド類　*1*:73; **6**:<u>34</u>
シシオザル　**8**:10, 76
シップスタージョン　**7**:40
シナヘラチョウザメ　**7**:42
シフゾウ　**4**:72; **6**:<u>44</u>; **8**:50
シベリアジャコウジカ　**6**:46
シマキンカ　**5**:66
シマフクロウ　**9**:<u>38</u>, 40
シマホンセイインコ　*1*:59
シマワラビー　*1*:38
ジャイアントウエタ　*1*:91
ジャイアントガーターヘビ　**9**:70
ジャイアントギプスランドアースワーム　**6**:<u>52</u>
ジャイアントバルースアースワーム　**6**:52
ジャイアントパンダ　*1*:7, *11*, 31; **8**:<u>94</u>, 97
ジャイアントモア　*1*:38
ジャガー　*1*:61; **6**:<u>54</u>; **9**:18, 20
ジャガランディ　**8**:17
シャコガイ　*1*:83
シャチ　**6**:56
ジャマイカイワイグアナ　**2**:54

学名・和名索引

ジャマイカクロムクドリモドキ　4:74
ジャマイカコンゴウインコ　1:39
ジャマイカシロハラミズナギドリ　8:84
ジャマイカフチア　6:58
ジャマイカボア　1:76, 77; 9:80
シャムワニ　2:34
ジャワサイ　5:90, 93, 94, 97; 6:6
ジャワリーフモンキー　7:60
ジャングルキャット　8:17
ジュケイ　9:68
ジュゴン　6:60, 84; 9:67
シュライバーカナヘビ　4:12
ジュリアクリークスミントプシス　3:10
ショウジョウトキ　1:23
ショウジョウヒワ　6:62
ショウジョウフウチョウモドキ　8:82
ショウスローロリス　6:90
ジョルダンアゲハ　2:26
ションブルグジカ　1:38
シラガエボシドリ　7:95
シーラカンス　1:72; 6:64
シラサギ　1:48
シラヒゲヤマミツスイ　10:24
シリアノロバ　1:39
シルバーシャーク　6:66
シロイルカ　2:64
シロエリトビ　2:11
シロエリハゲワシ　1:67; 6:68
シロオリックス　3:62, 64
シロカタトキ　9:84
シロサイ　5:90, 93, 94, 96; 6:6
シロスジコガモ　4:38
シロツノミツスイ　10:24
シロテタマリン　5:50
シロトキコウ　3:44
シロナガスクジラ　1:47, 62; 4:90, 95, 96; 5:9, 12
シロノドハシボソオオハシモズ　9:79
シロハラチュウシャクシギ　6:28, 32
シロビタイジオウム　3:48
シロフクロウ　1:23
シロワニ　6:14
シワバネヒラタオサムシ　6:70
ジンベエザメ　1:92; 6:12, 14, 16
シンリンバイソン　1:39

ス

ズアカハゲチメドリ　8:56
ズアカハゴロモキンパラ　5:66
スイギュウ　10:46
スウィフトギツネ　1:53; 6:72
ズキンミズナギドリ　8:84
ズグロアオフウキンチョウ　8:6
ズグロカモメ　2:70
スグロシロハラミズナギドリ　8:84
スグロダイカー　7:15
スグロチドリ　9:32
スグロマイコドリ　6:74

ズグロモズモドキ　6:76
スジイルカ　6:56
スタインダクナーズシクリッド　10:38
スターレットイソギンチャク　6:78
スタンディングヒルヤモリ　4:78
スッポンモドキ　1:75; 6:80
スティーブンイワサザイ　1:39
ステップナキウサギ　1:23; 6:82
ステラーカイギュウ　1:38; 6:61, 84; 9:67
ストームサラマンダー　6:24
ストライプガーターヘビ　9:70
ストライプトグーデア　5:86
スナスミントプシス　3:10
スナドリネコ　8:17
スナネコ　8:17
スプリングピグミーサンフィッシュ　6:86
スペインオオヤマネコ　7:54, 79; 8:18, 21
スペングラーシンジュガイ　6:88
スポッテッドバラムンディ（サザンサラトガ）　2:22; 9:25
スマトラウサギ　2:94, 95
スマトラカワウソ　4:51
スマトラサイ　5:90, 93, 94, 97; 6:6
スミレコンゴウインコ　1:51; 2:72, 78
スラウェシシーラカンス　6:64
スラメンフクロウ　9:42
スレンダーロリス　6:90
スローロリス　6:90
スワンガラクシアス　6:92
スンダイボイノシシ　8:81
スンバシワコブサイチョウ　2:12

セ

セアカホオダレムクドリ　1:91; 9:88
セイタカコウ　3:44
セイタカシギ　1:91
セイブスジトカゲ　1:76
セイブヒキガエル　3:86, 88
セイロンカノコモリバト　8:73
セグロウミスズメ　4:58
セグロフウキンチョウ　8:6
セグロヤイロチョウ　5:40
セーシェルサシオコウモリ　5:58
セーシェルシキチョウ　6:94
セーシェルチョウゲンボウ　7:37, 39
セーシェルベニノジコ　10:40
セジマミソサザイ　6:96
セジロゴシキドリ　3:46
セスジイタチ　5:34
セスジキノボリカンガルー　4:56; 9:62
セスジコヨシキリ　8:60
セツゼルヤマネ　10:48
セッパリイルカ　6:56
セネガルカメレオン　1:51, 74
ゼノポエシルス　7:6
セブシキチョウ　6:94

セマルハコガメ　4:30
セミクジラ　1:27; 5:6
セレベスクイナ　4:84
セレベスツカツクリ　4:88
セントアンドルーモズモドキ　6:76
セントキルダモリアカネズミ　8:24
セントヘレナチドリ　9:32
セントルシアウィップテイル　1:88; 7:8

ソ

ソデグロヅル　2:32
ソデグロムクドリ　4:60
ソマリアヒバリ　10:66
ソマリハネジネズミ　5:68
ソメワケダイカー　7:14, 28
ソリハシガメ　4:29
ソロモンウミワシ　10:92
ソロモンネズミ　8:24

タ

タイガーキャット　8:17
タイセイヨウタラ　7:16
タイセイヨウモンクアザラシ　1:39
タイタハヤブサ　7:37
タイハクオウム　3:48
タイマイ　1:76; 7:18
タカヘ（ノトルニス）　1:31, 56, 86, 91; 4:86; 7:20
ターキン　7:22
タコ　1:83
ダックビルドブンティンギ　7:6
タツノオトシゴ　1:71
タテガミオオカミ　3:28, 30; 10:44
タテガミフィジーイグアナ　1:76, 77; 2:56
タテガミミツユビナマケモノ　7:24
ターナーズセイルフィングーデア　5:86
ダニューブクシイモリ　9:91
ダニューブサーモン　1:72; 7:26
ダマガゼル　7:28
タミリバーレインボーフィッシュ　10:72
ダールカエルガメ　4:22
タンビコヒバリ　10:66

チ

チェリーバルブス　9:6
チスイビル（医用ビル）　7:30
チーター　1:10, 34, 59; 7:32; 8:18
チチュウカイモンクアザラシ　1:45; 2:14, 16, 18, 20
チビオチンチラ　7:34
チビミミナガバンディクート　1:38
チャイロコガモ　4:38
チャコリクガメ　4:29
チャタムスズドリ　10:24
チャタムミズナギドリ　8:84
チュウゴクオオサンショウウオ　3:38
チリカワウソ　4:51

チリフラミンゴ　2:47
チルー　7:44
チンチラ　7:34
チンパンジー（ナミチンパンジー）　3:60; 5:78, 81; 7:46, 48

ツ

ツアモツシギ　6:32
ツキノワグマ　5:22
ツノオオバン　7:20, 50
ツノガイ　1:83
ツノシャクケイ　7:52

テ

ディアデクテス　1:80
テイオウキツツキ　8:58
ティースリップスシクリッド　10:38
テイルスポットシクリッド　10:38
テキサスオセロット　1:10, 64; 7:54
テキサスチズガメ　4:20
テネシーケイブザリガニ　8:36
テネシーデイス　10:8
デビルズホールパブフィッシュ　1:72; 7:56
デュメリルボア　9:82
テレフォミンクスクス　5:44
テングザル　1:42; 7:58, 60
テングツノハナトカゲ　9:52

ト

ドゥクモンキー（ドゥクラングール）　7:60
トウブインディゴヘビ　1:75; 9:72
トキ　5:36; 9:84
トゲジムヌラ　8:48
ドタブカ　6:14
トド　3:56; 7:72
ドードー　1:30, 33, 39, 66, 68; 7:74
トトアバ　7:76
ドームゾウガメ　1:33
トモエガモ　1:67; 4:38
トラ　1:11, 49, 60, 62, 89, 92, 96, 97; 2:84; 7:78; 8:18; 9:18
トラウトコッド　7:80
ドリアキノボリカンガルー　4:56
トリバネアゲハ類　7:82
ドリル　5:49; 7:84
ドール　3:31, 32; 6:73; 7:86; 10:44
ドワーフピグミーゴビー　7:88
トンガツカツクリ　4:88

ナ

ナイズナシーホース　7:90
ナイルパーチ　1:72; 6:35
ナガスクジラ　1:47; 4:90, 95, 96; 5:8, 12
ナガバナカエル　3:82
ナキウサギ　6:83
ナキシャクケイ　7:52
ナキハクチョウ　7:92

113

ナタージャックヒキガエル 3:88
ナナミズサイチョウ 2:12
ナマクワヒルヤモリ 4:78
ナマケグマ 5:20, 22, 25, 26
ナンベイフラミンゴ 1:89

ニ

ニコバルツカツクリ 4:88
ニシアカガシラエボシドリ 7:94
ニシアフリカトカゲモドキ 1:76
ニシアメリカフクロウ 1:87; 9:40
ニシオウギタイランチョウ 7:96
ニシキフウキンチョウ 8:6
ニシキワタアシハチドリ 8:64
ニシコバネズミ 8:24
ニシシマバンディクート 8:8
ニシネズミザメ 6:14
ニシヘルマンリクガメ 4:16
ニジマス 1:73
ニシローランドゴリラ 3:60; 5:78, 81
ニセヤブヒバリ 10:66
ニホンザル 8:10, 76
ニホンヤマネ 10:48, 50, 52
ニューイングランドキンスジアメガエル 3:80
ニューカレドニアクイナ 4:86
ニュージーランドアシカ 7:72
ニュージーランドカイツブリ 3:22
ニュージーランドグレーリング 1:38
ニュージーランドチドリ 9:32
ニュージーランドハヤブサ 7:37
ニルギリタール 7:28; 8:12
ニワカナヘビ 4:12

ヌ

ヌビアアイベックス 8:14; 10:11
ヌマワニ 2:34

ネ

ネイキッドカラシン 9:54
ネオヴェナトル 1:37
ネオピリナ 1:83
ネズミイルカ 2:66
ネズミクイ 8:28
ネッタイキノボリサンショウウオ 1:81
ネッティングサラマンダー 6:24
ネパールワシミミズク 9:38

ノ

ノガン 8:30
ノグチゲラ 8:58
ノーザンケープフィッシュ 2:36
ノドアカカワガラス 8:32
ノドジロクサムラドリ 8:34
ノドジロミツスイ 10:24
ノーブルクレイフィッシュ 8:36

ハ

ハイイロアザラシ 2:16, 18
ハイイロコノハズク 9:40
ハイイロジュケイ 9:68
ハイイロハヤブサ 7:37
ハイイロヒワ 6:62
ハイイロペリカン 8:38
ハイイロホオヒゲコウモリ 5:58, 64, 56
バイカルアザラシ 2:18
ハイチソレノドン 4:76
ハイナンジムヌラ 1:62; 8:48
バウエンジカ 4:72; 6:45; 8:50
ハクトウワシ 1:96
ハグロツバメチドリ 5:18
ハゲカロテストカゲ 9:52
ハゲチメドリ 8:56
ハゲトキ 9:84
ハゲノドスズドリ 9:14
ハゴロモヅル 2:32
ハシグロエボシドリ 7:95
ハシグロカモメ 2:70
ハシグロサイチョウ 2:12
ハシグロボウシインコ 2:74
ハシジロキツツキ 8:58; 9:86
ハシナガチョウザメ 7:42
ハシヒロインコ 1:33
ハシブトペンギン 4:44
ハシブトホオダレムクドリ 1:91; 9:88
ハシボソヨシキリ 8:60
ハジロシャクケイ 7:52
バージンボア 9:80
パタゴニアカイツブリ 3:22
バタフライゴーデア 2:80
バテリアフラワーラスボラ 8:68
バードガラクシアス 6:92
バードダニオ 8:74
ハドック 7:16
バートンヒレアシトカゲ 1:76
ハナガオフウチョウ 2:8
ハナグロウ 4:42
バーナーズロックキャットフィッシュ 10:34
バヌアツカツオドリ 4:88
パノニアコモチカナヘビ 4:12
ハバシニワシドリ 8:82
バーバーチズガメ 4:20
バハマフチア 6:58
バーバリーエイプ（バーバリーマカク） 8:10, 76
バーバリーシープ 8:78
バーバリーライオン 1:39
バビルーサ 8:80; 9:28
パプアオウギワシ 10:91, 94
パプアニワシドリ 8:82
パプアヒクイドリ 9:10
バミューダミズナギドリ 1:56; 8:84
ハミルトンムカシガエル 3:90
バライロガモ 4:34
バラノドチビハチドリ 8:64
パラワンサイチョウ 2:12
バリトラ 1:38

ハリモグラ 10:30
ハリモモチュウシャクシギ 6:28
バーリントンオカイグアナ 2:52
バルトチョウザメ 1:72; 7:40
ハルマヘラクイナ 7:20
パレオスポンディルス 1:72
パレスチナイロワケガエル 1:39
バレンシアトゥースカープ 8:86
パロロワーム（南太平洋パロロ） 8:88
ハワイオオバン 7:50
ハワイガラス 8:90
ハワイガン 1:89; 8:92
ハワイシロハラミズナギドリ 8:84
ハワイマガモ 8:92
ハワイミツスイ 1:29
ハワイモンクアザラシ 2:14, 16, 18, 20
バンガイガラス 8:90
バンデューラバルブス 1:72; 9:6
バンテン 1:42, 64; 3:68; 5:74; 9:8

ヒ

ヒオドシジュケイ 9:68
ヒガシシマバンディクート 8:8
ヒガシローランドゴリラ 5:78, 81
ヒクイドリ 9:10
ビクーニャ 1:64; 9:12, 51
ヒグマ 5:22
ピグミーチンパンジー（ボノボ） 3:60; 5:78, 81; 7:46, 48
ピグミーロリス 6:90
ヒゲドリ 9:14
ヒザラガイ 1:83
ヒスイインコ 2:80
ヒスパニオラガラス 8:90
ピーターサシオコウモリ 5:62
ビナンゴジュウカラ 2:42
ヒビタイゴシキドリ 3:46
ビブロンヒキガエルモドキ 1:37
ヒマラヤタール 8:12
ヒメアリクイ 3:17
ヒメアルマジロ 3:18
ヒメウォンバット 4:62
ヒメカラスモドキ 4:60
ヒメカリフォルニアシオマネキ 4:49
ヒメシワコブサイチョウ 2:12
ヒメチョウゲンボウ 7:36, 39
ヒメノガン 8:30
ヒメフクロウインコ 2:80; 3:12
ヒメポタモガーレ 9:92; 10:20
ヒューストンヒキガエル 3:76, 86, 88
ヒョウ 1:60; 9:18, 20
ヒョウモンナメラ 9:22
ヒラオツノトカゲ 1:76; 7:66
ピラルク 2:22; 9:24
ビルマシワコブサイチョウ 2:12
ビルマホシガメ 4:29
ピレネーデスマン 10:80
ヒロオビフィジーイグアナ 2:56
ビロードカワウソ 4:51

ヒロバナジェントルキツネザル 4:68
ピンクシーファン 9:26
ピンソンゾウガメ 4:18
ピンタゾウガメ 1:39; 4:18
ビンナガ 5:46

フ

ファーガソンフクロシマリス 9:48; 10:16
フィリピンオウム 3:48
フィリピンヒゲイノシシ 8:81; 9:28
フィリピンヒヨケザル 9:30
フィリピンペリカン 8:38
フィリピンワシ 10:91, 94
フィリピンワシミミズク 9:38
フィリピンワニ 2:34
フエコチドリ 9:32
プエルトリコアメリカムシクイ 4:8
プエルトリコボア 9:80
フェルナンデスオットセイ 3:56; 7:72
フェルナンデスベニイタダキハチドリ 8:62, 64
フォークランドオオカミ 1:39; 3:32; 6:73
フォッサ 9:34
フクロアリクイ 9:36
フクロウオウム 1:31, 56, 66, 91; 3:12, 14
フクロオオカミ（タスマニアオオカミ） 1:12, 38, 56; 9:44
フクロミツスイ 1:31
フクロモグラ 1:21; 9:46
フクロモモンガダマシ 9:48; 10:16
ブコビンモグラネズミ 8:24, 26
フサエリショウノガン 8:30
フジノドテリハチドリ 8:64
フタコブラクダ 9:12, 50
フタユビナマケモノ 7:24
ブチハイエナ 8:40, 42
ブッシュマンウサギ 2:94, 95
プテリクチオデス 1:72
フトクビスジホソオドラゴン 9:52
ブラインドケーブカラシン 9:54
ブラックバック 9:56
ブラックフィンゴーデア 5:86
ブラックプリンス（ボウルドカラコドン） 5:86
ブラックルビーバルブス 9:6
ブラックレーサー 2:44
フラットウッズサラマンダー 6:18
ブーラミス 9:58
ブルーテイルドグーデア 5:86
ブルーバック 1:39
ブルーバードピグミーサンフィッシュ 6:86
フレッシュウォーターアンチョビー 9:60
プロサーパインイワワラビー 9:62
フロリダネズミ 8:24
フロリダピューマ 1:10; 9:64

学名・和名索引

フロリダマナティー　6:61, 84; 9:66
フロレスガラス　8:90
フンボルトペンギン　4:44

ヘ

ベアードバク　8:52, 54
ヘアーリップサッカー　10:74
ベガスヴァリーカエル　3:70
ペコスパプフィッシュ　7:56
ヘサキリクガメ　1:75; 4:26
ペダーガラクシアス　6:92
ベチクサンバガエル　3:92
ベニサンゴ　9:26
ベニジュケイ　9:68
ベネットキノボリカンガルー　4:56
ヘラシギ　6:32
ヘラチョウザメ　1:90; 7:42
ペルーカイツブリ　3:22
ペルシャウ　4:42
ベルベットワーム　9:76
ヘルマンリクガメ　4:16
ヘルメットモズ　9:78
ベローシファカ　2:86; 5:83
ベロリビツァ　7:26
ベンガルショウノガン　8:30
ベンガルハゲワシ　6:68
ベンガルヤマネコ　8:17

ホ

ホウシャガメ　4:26, 29
ホウセキカナヘビ　1:76
ホウロクシギ　6:28
ホオアカトキ　1:14, 88; 5:36; 9:84
ホオカザリヅル　2:32
ホオジロシマアカゲラ　9:86
ホオダレムクドリ　9:88
ホクオウクシイモリ　9:90
ホゲズカエルガメ　4:22
ボゴタテンシハチドリ　8:62, 64
ホシハタリス　10:58
ホシヤブガメ　1:75; 4:28
ホソオヤマネ　10:48
ポタモガーレ　9:92; 10:20
ホッキョクアジサシ　1:66
ホッキョクグマ　1:13; 5:20, 22, 24, 26
ホッキョクジリス　1:26
ボナルカナヘビ　4:12
ボプタズブンティンギ　7:6
ホフマンナマケモノ　7:24
ホホジロザメ　1:60; 6:14, 16
ホライモリ　9:94
ホラズミコモリグモ　5:30, 32
ポリネシアマイマイ類　9:96
ポルトガルアイベックス　1:39
ボルネオヤマネコ　8:16
ボレアルヒキガエル　3:76

マ

マウンテンキアシカエル　3:70
マウンテンゴリラ　1:93; 3:60; 5:78, 80
マウンテンニアラ　5:14; 10:6
マウンテンブラックサイドデイス　10:8
マクジャク　5:88
マーゲイ　8:17
マコードハコガメ　4:30
マーコール　8:14, 78; 10:10
マジョルカサンバガエル　1:79; 3:92
マスカリンオオバン　7:50
マズキズプラティ　4:82
マスクトエンゼルフィッシュ　10:12
マストロンサウルス　1:80
マダガスカルウミワシ　10:92
マダガスカルカイツブリ　3:22
マダガスカルキンイロガエル　3:94
マダガスカルジャコウネコ　9:34
マダガスカルツリーボア　9:82
マダガスカルボア　9:82
マダガスカルメンフクロウ　9:42
マダライルカ　6:56
マダラウミスズメ　4:58
マダラハゲワシ　1:66
マッコウクジラ　1:47; 5:10
マツテン　1:10; 10:14, 64
マテガイ　1:83
マーテンスティンズバルブス　9:6
マホガニーフクロモモンガ　9:48; 10:16
マミジロゴジュウカラ　2:42
マメクロクイナ　4:84
マメハチドリ　1:67; 8:64, 66
マユダチペンギン　4:44
マリアナツカツクリ　4:88
マリーリバーコッド　7:80
マルオカブトガニ　2:30
マルハナヒョウトカゲ　1:76; 7:68
マレーセンザンコウ　3:58
マレーバク　8:52, 54
マレーハコガメ　4:30
マレーヒヨケザル　9:30
マレーヤマネコ　8:16
マングローブフィンチ　10:18
マンドリル　7:84, 85
マンボウ　1:70

ミ

ミカドボウシインコ　2:74
ミサゴ　1:10, 54
ミズイロフウキンチョウ　8:6
ミズカキポタモガーレ　9:92; 10:20
ミスジハコガメ　4:30
ミズテンレック　9:92; 10:20
ミツオビアルマジロ　3:18
ミドリイトマキヒトデ　10:26
ミドリコンゴウインコ　2:79
ミナハサメンフクロウ　9:42
ミナミオウギタイランチョウ　7:96
ミナミオニクイナ　4:84
ミナミカブトガニ　2:30
ミナミセミクジラ　5:6
ミナミタテジマキーウィ　4:65
ミナミマグロ　5:46
ミニオサシオコウモリ　5:62
ミノールカメレオン　1:75; 10:28
ミミキヌバネドリ　4:6
ミミグロボウシインコ　2:74
ミミグロミツスイ　10:24
ミミゲコビトキツネザル　4:70
ミミジロセグロミツスイ　10:24
ミミナガバンディクート　8:8
ミミハゲワシ　6:68
ミミヒダハゲワシ　6:68
ミヤマオウム　3:12, 14
ミヤマジュケイ　9:68
ミヤマチドリ　9:32
ミユビハリモグラ（ナガハシハリモグラ）　1:62; 10:30
ミューレンバーグイシガメ　4:32
ミロスカナヘビ　4:10
ミロスクサリヘビ　1:77; 9:74
ミンククジラ　1:46; 4:90, 95, 96
ミンダナオジムヌラ　8:48
ミンドロサイチョウ　2:12
ミンドロスイギュウ（タマラオ）　10:46

ム

ムカシトカゲ　1:74; 7:70
ムジアオハシインコ　3:14
ムナグロワタアシハチドリ　8:62
ムナジロクイナモドキ　10:32
ムナフシロハラミズナギドリ　8:84
ムネアカカンムリバト　8:70

メ

メガゾストロドン　1:63
メガネウ（ベーリングシマウ）　1:38
メガネグマ　5:20, 22, 25, 26
メガネヤマネ　10:48, 50, 52
メキシカンテトラ　9:55
メキシコウサギ　2:94, 95, 96; 3:6
メキシコゴファーガメ　4:24
メキシコサラマンダー　1:70; 6:18, 20, 22
メキシコドクトカゲ　7:62
メキシコハイイロオオカミ　1:39
メキシコヒグマ　5:22
メキシコプレーリードッグ　3:52
メコンオオナマズ　10:34
メジロカラスモドキ　4:60
メジロザメ（ヤジブカ）　6:14
メスアカクイナモドキ　10:33
メダマヤマネ　10:48
メバチ　5:46
メリーランドダーター　2:90
メンタウェコバナテングザル　7:60
メンタワイマカク　8:10, 76
メンフクロウ　1:68, 96

モ

モア　1:39
モウコノウマ　1:39; 10:36
モエギハコガメ　4:30
モードガエル　3:90
モナボア　9:80
モハーベハタリス　10:58
モハーラ　10:38
モハーラカラコレラ　1:73; 10:38
モハーラカラコレラデクアトロシエネガス　10:38
モリイシガメ　4:32
モーリシャスゾウガメ　1:39
モーリシャスチョウゲンボウ　1:14, 88; 7:37, 38
モーリシャスバト　1:14, 59, 88; 8:72
モーリシャスベニノジコ　10:40
モーリシャスホンセイインコ　1:88
モリヤマネ　10:52
モルッカツカツクリ　4:88
モロタイハゲミツスイ　10:24
モンテースパニッシュマケレル　5:46
モンテレープラティ　4:82, 83

ヤ

ヤイロチョウ　5:40
ヤク　1:42; 3:68; 5:74; 7:22; 9:8; 10:42
ヤブイヌ　3:32; 6:73; 10:44
ヤマアノア　3:68; 5:74; 7:22; 10:46
ヤマクサリヘビ　9:74
ヤマシマウマ　4:80; 6:48, 50; 10:37, 84, 86
ヤマジャコウジカ　6:46
ヤマバク　8:52, 54

ユ

ユキヒョウ　2:84; 7:79; 8:18; 9:18, 20
ユタプレーリードッグ　3:52
ユンナンハコガメ　4:30

ヨ

ヨウスコウアリゲーター　1:77; 2:40
ヨウスコウカワイルカ　1:42; 2:62, 68
ヨセミテヒキガエル　3:76, 86, 88
ヨツユビリクガメ　4:16
ヨロイザメ　6:14
ヨーロッパエゾアカヤマアリ　10:54
ヨーロッパオオウニ　1:25; 10:56
ヨーロッパチヂミボラ　1:83
ヨーロッパバイ　1:83
ヨーロッパバイソン　8:44, 46
ヨーロッパハタリス　10:58
ヨーロッパビーバー　10:60
ヨーロッパミヤマカミキリ　10:62
ヨーロッパミンク　1:57; 4:52; 5:17, 34; 10:14, 64, 68
ヨーロッパヤマネ　1:55; 10:48, 52
ヨーロッパヤマネコ　1:58; 8:17, 20
ヨーロッパルリボシカミキリ

10:62

ラ

ライオン　*1*:25, 58; **7**:79; **9**:18
ラウンドスベトカゲ　**1**:14, 88
ラザコヒバリ　**10**:66
ラージスケールパプフィッシュ　**7**:56
ラッコ　**1**:10, 25, 86; **10**:68
ラティフィクサリヘビ　**9**:74
ラボードカメレオン　**10**:28
ラムレインボーフィッシュ　**10**:72

リ

リオグランデクーター　**4**:14
リカオン　**1**:87; **3**:26, 28, 31, 32; **6**:73; **7**:87; **10**:44, 70
リッチモンドメガネトリバネアゲハ　**7**:82
リビアヤマネコ　*8*:17
リムガゼル　**7**:28

リョコウバト　**1**:12, 24, 39
リルフォードカベカナヘビ　**4**:10
リーワードレーサー　**2**:44

ル

ルイジアナシンジュガイ　**6**:88
ルソンセイコウチョウ　**5**:66
ルソンヤイロチョウ　**5**:40
ルリゴシボタンインコ　**2**:76
ルリバト　*1*:33
ルリハラハチドリ　**8**:64

レ

レイクワナムレインボーフィッシュ　**1**:73; **10**:72
レイザーバックサッカー　**10**:74
レイサンマガモ　**8**:92
レイサンヨシキリ　**8**:60
レインボーグーデア　**5**:86
レオンスプリングパプフィッシュ　**7**:56

レスプレンデンスピグミーエンゼルフィッシュ　**10**:13
レッサースパイニーイール　**10**:76
レッサーパンダ　**8**:95, 96
レッドクラウンヒキガエルモドキ　**3**:84
レッドニードタランチュラ　**10**:78
レッドベルレーサー　**2**:44
レッドレインボーフィッシュ　**10**:72
レミング　*1*:23
レユニオンシロハラミズナギドリ　**8**:84
レユニオントカゲ　*1*:39
レユニオンドードー　*1*:39
レリクトレオパードカエル　**3**:70
レルマサラマンダー　**6**:18

ロ

ロシアデスマン　**10**:80
ロージーボア　*1*:18
ロスチャイルドトリバネアゲハ　**7**:82
ロードハウクイナ　**4**:86
ロードハウメジロ　*1*:38
ロドリゲスオオコウモリ　**1**:88; **3**:34, 36
ロドリゲスコキンメフクロウ　*1*:39
ロドリゲスドードー　**7**:74
ロドリゲスヒモムシ　**10**:82
ロドリゲスベニノジコ　**10**:40

ワ

ワイゲウツカツクリ　**4**:88
ワキアカカイツブリ　**3**:22
ワキグロクサムラドリ　**8**:34
ワシタセアカサラマンダー　**6**:24
ワシントンジャイアントミミズ　**8**:88
ワシントンハタリス　**10**:58
ワタリアホウドリ　**1**:67; **10**:96
ワモンチズガメ　**4**:20
ワリアアイベックス　**8**:14; **10**:11

絶滅危惧動物百科 1
総説―絶滅危惧動物とは

定価はカバーに表示

2008年4月20日　初版第1刷

監　訳　㈶自然環境研究センター
発行者　朝　倉　邦　造
発行所　株式会社　朝　倉　書　店
　　　　東京都新宿区新小川町 6-29
　　　　郵便番号　162-8707
　　　　電　話　03（3260）0141
　　　　ＦＡＸ　03（3260）0180
　　　　http://www.asakura.co.jp

〈検印省略〉

© 2008〈無断複写・転載を禁ず〉　　　中央印刷・渡辺製本

ISBN 978-4-254-17681-0　C 3345　　Printed in Japan

海の動物百科 (全5巻，本体各 4,200 円)

◆美しい写真と緻密なイラストで迫る海の動物たちの世界◆

1巻	哺乳類	大隅清治［監訳］	ISBN 978-4-254-17702-X
2・3巻	魚類（Ⅰ・Ⅱ）	松浦啓一［監訳］	ISBN 978-4-254-17696-4（2巻）
			ISBN 978-4-254-17697-1（3巻）
4・5巻	無脊椎動物（Ⅰ・Ⅱ）	今島 実［監訳］	ISBN 978-4-254-17698-8（4巻）
			ISBN 978-4-254-17699-5（5巻）

図説 科学の百科事典 (全7巻)

◆科学の世界を身近に感じるビジュアル事典・刊行開始◆

1巻	動物と植物	太田次郎［監訳］	本体 6,500 円	ISBN 978-4-254-10621-3
2巻	環境と生態	太田次郎［監訳］	本体 6,500 円	ISBN 978-4-254-10622-0
3巻	進化と遺伝	太田次郎［監訳］	本体 6,500 円	ISBN 978-4-254-10623-7
4巻	化学の世界	山崎 昶［監訳］	本体 6,500 円	ISBN 978-4-254-10624-4
5巻	物質とエネルギー	有馬朗人［監訳］	本体 6,500 円	ISBN 978-4-254-10625-1
6巻	星と原子	桜井邦朋［監訳］	本体 6,500 円	ISBN 978-4-254-10626-8
7巻	地球と惑星探査	佐々木晶［監訳］		ISBN 978-4-254-10627-5

図説 人類の歴史 (大貫良夫［監訳］，全10巻)

◆考古学・人類学の最新の成果がつむぐ壮大な人類史◆

1・2巻	人類のあけぼの（上・下）	本体 8,800 円	ISBN 978-4-254-53541-9（1巻）
		本体 8,800 円	ISBN 978-4-254-53542-6（2巻）
3・4巻	石器時代の人々（上・下）	本体 8,800 円	ISBN 978-4-254-53543-3（3巻）
		本体 8,800 円	ISBN 978-4-254-53544-0（4巻）
5・6巻	旧世界の文明（上・下）	本体 8,800 円	ISBN 978-4-254-53545-7（5巻）
		本体 8,800 円	ISBN 978-4-254-53546-4（6巻）
7・8巻	新世界の文明（上・下）	本体 9,200 円	ISBN 978-4-254-53547-1（7巻）
		本体 9,200 円	ISBN 978-4-254-53548-8（8巻）
9・10巻	先住民の現在（上・下）	本体 9,200 円	ISBN 978-4-254-53549-5（9巻）
		本体 9,200 円	ISBN 978-4-254-53550-1（10巻）

上記価格（税別）は 2008 年 3 月現在

図説 哺乳動物百科
MAMMAL

遠藤秀紀［監訳］

名取洋司［訳］

A4変型判　84〜88頁

全3巻　本体各4,500円

迫力の写真とやさしい解説でたどる哺乳類の不思議な世界

第1巻
総説・アフリカ・ヨーロッパ
ISBN 978-4-254-17731-2 C3345

［目次］　総説◆哺乳類とは／進化／人類の役割／哺乳類の分類　アフリカ◆アフリカの生息環境／草原／砂漠／山地／湿地／森林　ヨーロッパ◆ヨーロッパの生息環境／草原／山地／湿地／森林

第2巻
北アメリカ・南アメリカ
ISBN 978-4-254-17732-9 C3345

［目次］　北アメリカ◆北アメリカの生息環境／草原／山地と乾燥地／湿地／森林／極域　南アメリカ◆南アメリカの生息環境／草原／砂漠／山地／湿地／森林

第3巻
オーストラレーシア・アジア・海域
ISBN 978-4-254-17733-6 C3345

［目次］　オーストラレーシア◆オーストラレーシアの生息環境／草原／砂漠／湿地／森林／島　アジア◆アジアの生息環境／草原／山地／砂漠とステップ／湿地／森林　海域◆海域の生息環境／沿岸域／外洋／極海

上記価格（税別）は2008年3月現在

◆オールカラー図鑑シリーズ◆

恐竜の大絶滅以来の絶滅時代を生きる現代の野生動物たちの保全に向けて

絶滅危惧動物百科

Endangered Animals

[全 10 巻]

（財）自然環境研究センター［監訳］

〈A4 変形判　各 120 頁　本体各 4,600 円〉

【第 1 巻】総説―絶滅危惧動物とは
科学者が動物を分類する方法や，野生動物たちが絶滅の危機に瀕している理由，保全活動家の仕事などを解説．

【第 2 巻〜第 10 巻】
見開き 2 頁，日本語動物名の五十音順配列，全 414 種掲載．

〈内容目次〉

【第 1 巻】総説―絶滅危惧動物とは　　ISBN 978-4-254-17681-0 C3345
絶滅危惧種とは何か／保全のための組織／絶滅危険度の区分／動物の生態／動物への脅威／動物界／哺乳類／鳥類／魚類／爬虫類／両生類／無脊椎動物／保全活動の実際

【第 2 巻】アイアイ―[ウサギ]アラゲウサギ　　ISBN 978-4-254-17682-7 C3345
主要掲載種：アイアイ／アオフウチョウ／アザラシ／アジアアロワナ／アポロウスバシロチョウ／アメリカカブトガニ／アリゲーター／アンデスフラミンゴ／イカンテモレ／イグアナ／インコ／インドライオン／インドリ／ウサギ／他

【第 3 巻】[ウサギ]メキシコウサギ―カグー　　ISBN 978-4-254-17683-4 C3345
主要掲載種：オウム／オオアルマジロ／オオウミガラス／オオカミ／オオコウモリ／オオサンショウウオ／オオバタン／オカピ／オーストラリアハイギョ／オットセイ／オランウータン／オリックス／オルネイトパラダイスフィッシュ／カエル／他

【第 4 巻】カザリキヌバネドリ（ケツァール）―[クジラ]シロナガスクジラ　　ISBN 978-4-254-17684-1 C3345
主要掲載種：カザリキヌバネドリ／カナヘビ／カメ／カモ／ガラパゴスペンギン／カリフォルニアコンドル／カリフォルニアベイカクレガニ／カワウソ／カンガルー／キツネザル／クアトロシエネガスプラティ／クイナ／クジラ／他

【第 5 巻】[クジラ]セミクジラ―[サイ]シロサイ　　ISBN 978-4-254-17685-8 C3345
主要掲載種：クマ／クマネズミ／クモ／クロツラヘラサギ／クロテテナガザル／クロマグロ／ゲルディモンキー／コアラ／コウモリ／コキンチョウ／コモドオオトカゲ／ゴリラ／ゴールドソーフィングーデア／コンゴクジャク／サイ／他

【第 6 巻】[サイ]スマトラサイ―セジマミソサザイ　　ISBN 978-4-254-17686-5 C3345
主要掲載種：サイガ／サメ／サラマンダー／シギ／シクリッド／シフゾウ／シベリアジャコウジカ／シマウマ／ジャガー／シャチ／ジュゴン／シーラカンス／シロエリハゲワシ／シワバネヒラタオサムシ／スッポンモドキ／ステラーカイギュウ／他

【第 7 巻】ゼノポエシルス―ニシオウギタイランチョウ　　ISBN 978-4-254-17687-2 C3345
主要掲載種：ゾウ／タイセイヨウタラ／タイマイ／タカヘ／ダマガゼル／チスイビル／チーター／チビオチンチラ／チョウゲンボウ／チョウザメ／チンパンジー／ツノシャクケイ／テングザル／トカゲ／トド／ドードー／トラ／ナキハクチョウ／他

【第 8 巻】ニシキフウキンチョウ―[パンダ]レッサーパンダ　　ISBN 978-4-254-17688-9 C3345
主要掲載種：ニシキフウキンチョウ／ニホンザル／ネコ／ネズミ／ノガン／ハイイロペリカン／ハイエナ／バイソン／バク／ハシジロキツツキ／ハチドリ／バテリアフラワーラスボラ／ハト／バーバリーシープ／ハワイガラス／パンダ／他

【第 9 巻】バンデューラバルブス―ポリネシアマイマイ類　　ISBN 978-4-254-17689-6 C3345
主要掲載種：ヒョウ／ヒョウモンナメラ／ピラルク／フクロアリクイ／フクロウ／フクロオオカミ／フロリダピューマ／フロリダマナティー／ヘビ／ヘルメットモズ／ボア／ホオダレムクドリ／ホクオウクシイモリ／ポタモガーレ／ホライモリ／他

【第 10 巻】マウンテンニアラ―ワタリアホウドリ　　ISBN 978-4-254-17690-2 C3345
主要掲載種：マホガニーフクロモモンガ／ミツスイ／ミドリイトマキヒトデ／ミノールカメレオン／メコンオオナマズ／モウコノウマ／モーリシャスベニノジコ／ヤブイヌ／ヤマネ／ヨーロッパミンク／ラッコ／ロバ／ワシ／ワタリアホウドリ／他

上記価格（税別）は 2008 年 3 月現在